OYSTER PERPETUAL SKY-DWELLER

ROLEX

LINDBERG

KINFOLK

VOLUME THIRTY-ONE

KINFOLK

SPRING 2019

ARCHITECTURE
Inside the buildings that move us, and the minds of their makers

RYUICHI SAKAMOTO
The composer inspired by his own

FEATURES
On suburbia, spoilers and the search for utopia

INTERVIEWS
Fabienne Verdier, Asif Khan and Sharon Van Etten

KINFOLK

The Weekend Edition — These are 48 hours t
like. It's a judgment-free zone to be as still, act
as you please. Maybe you'll be the center of y
enjoy a dinner for one, phone switched bey
Alternatively, your two days might entail a s
rendezvous and soirees with good pals. No m
the hours, make sure they're filled on your te

12 Notecards and Envelopes

Premium Subscription

Become a Premium Subscriber for $75 per year, and you'll receive four print issues of the magazine and full access to our online archives, plus a set of *Kinfolk* notecards and a wide range of special offers.

KINFOLK

FOUNDER & CREATIVE DIRECTOR
Nathan Williams

EDITOR-IN-CHIEF
John Clifford Burns

EDITOR
Harriet Fitch Little

ART DIRECTOR
Christian Møller Andersen

DESIGN DIRECTOR
Alex Hunting

BRAND DIRECTOR
Amy Woodroffe

COPY EDITOR
Rachel Holzma

COMMUNICATIONS DIRECTOR
Jessica Gray

PRODUCER
Cecilie Jegsen

PROJECT MANAGER
Garett Nelson

CASTING DIRECTOR
Sarah Bunter

SALES & DISTRIBUTION DIRECTOR
Edward Mannering

BUSINESS OPERATIONS MANAGER
Kasper Schademan

STUDIO MANAGER
Susanne Buch Petersen

PRODUCER (TOKYO)
Kevin Pfaff

EDITORIAL ASSISTANTS
Sylva Bocşa
Gabriele Dellisanti

CONTRIBUTING EDITORS
Michael Anastassiades
Jonas Bjerre-Poulsen
Andrea Codrington Lippke
Ilse Crawford
Margot Henderson
Leonard Koren
Hans Ulrich Obrist
Amy Sall
Matt Willey

WORDS
Zaineb Al Hassani
Alex Anderson
Rima Sabina Aouf
Elise Bell
Ellie Violet Bramley
John Clifford Burns
Katie Calautti
Stephanie D'Arc Taylor
Gabriele Dellisanti
Harriet Fitch Little
Moeko Fujii
Anindita Ghose
Bella Gladman
Tim Hornyak
Selena Hoy
Nick Narigon
Naomi Pollock
Debika Ray
Asher Ross
Laura Rysman
Charles Shafaieh
Ben Shattuck

CROSSWORD
Anna Gundlach

PUBLICATION DESIGN
Alex Hunting Studio

PHOTOGRAPHY
Gustav Almestål
Karel Balcar
Luc Braquet
Yuji Fukuhara
B.D. Graft
Aiala Hernando
Leonardo Holanda
Cecilie Jegsen
Romain Laprade
Flora Maclean
Christian Møller Andersen
Léa Nielsen
Michio Noguchi
Julien Oppenheim
Danilo Scarpati
Søren Solkær
Tezontle
Aaron Tilley
Zoltan Tombor
Alexander Wolfe
Yuna Yagi

STYLING, HAIR & MAKEUP
Line Bille
Taan Doan
Áron Filkey
Andreas Frienholt
Tara Garnell
Daisuke Hara
Candy Hagedorn
Cyril Laine
Kenneth Pihl Nissen
Stine Rasmussen
Tania Rat-Patron
Shimonagata Ryoki
Camille-Joséphine Teisseire
Pierre Yovanovitch

COVER PHOTOGRAPH
Romain Laprade

KINFOLK KOREAN EDITION

TRANSLATOR
Jiyeon Lim

PUBLISHER
Sangyoung Lee

EDITOR-IN-CHIEF
Sangmin Seo

CONTRIBUTOR
Yeonsu Kim

EDITORS
Sangyoung Lee

PHOTOGRAPHY
Sangmin Seo

PROOFREADER
Deokhee An

BUSINESS ASSISTANT
Juwoo Son

EDITORIAL DESIGNER
Jinhee Oh

kinfolkeum@naver.com
www.kinfolk.kr

CONTACT US
정기구독 관련 문의 및 질문이나 의견은
KINFOLKEUM@NAVER.COM으로
보내주세요.

-
DESIGNEUM
24, Jahamun-ro 24-gil, Jongno-gu,
Seoul 03042, Korea
Tel: 02 723 2556
Fax: 02 723 2557
blog.naver.com/designeum

Publication Design
by Alex Hunting

HOUSE OF FINN JUHL

THE CHIEFTAIN TURNS 70

FEW THINGS NEVER CHANGE
WE CELEBRATE THE ULTIMATE CHAIR.
THE WAY IT IS. THE WAY FINN JUHL INTENDED IT.
NO GLITTERING ANNIVERSARY EDITION.
WHY CHANGE AN ORIGINAL?

finnjuhl.com

håndværk

A specialist label creating *luxury basics*.
Ethically crafted with an unwavering
commitment to *exceptional quality*.

handvaerk.com

Welcome

오리건에서 창간되어 코펜하겐에서 운영되는 『킨포크』가 일본에 뿌리 내린 지도 한참 되었습니다. 실제로 2013년부터 우리 잡지가 계속해온 삶의 질에 대한 탐색은 도쿄 시부야의 한 자매 사무실에서 일본어로 번역되고 있습니다. 가장 최근, 3월에 방문했을 때 편집자인 마코 아야베와 코타 엔가쿠는 목적의식과 에너지를 가지고 사는 사람들에게 일본 수도에서의 생활이 어떤지를 알려주었습니다. 교류하기 좋은 이웃이 있고, 서로 예의를 지키며, 최첨단 문화가 공존하는 도시. 외부인들에게 배타적인 도시라는 이미지와는 전혀 달랐습니다.

18페이지에 달하는 안내서를 만들기 위해 포토그래퍼 로맹 라파르드와 지역 담당 기자 셀레나 호이는 일본팀의 추천을 받아, 죽어가던 상권을 살려낸 쌀 전문가부터 고급 주택가인 시로카네 집 안의 가게까지, 이 대도시의 다양한 모습을 생생하게 그려낸 장소를 열 곳이 넘게 방문했습니다. 심층 탐구와 이번 호의 특집 인물로 도쿄의 집을 백 년 전의 모습으로 되살려낸 두 여성을 선정했습니다. 지금도 도심에 살고 있는 106세의 추상 예술가 토코 시노다 씨와 스트리트 스타일 조류를 타고 일찌감치 이 도시로 온 한국인 디자이너 안윤 씨입니다. 도쿄 특집호에서 무엇을 특집으로 할까 고민하면서 우리는 이 도시가 대중들에게 어떤 이미지일지 여러모로 생각해보았습니다. 모에코 후지는 장편 에세이에서 어째서 도쿄가 서구에서 재난과 디스토피아의 이미지로 소비되는지 의문을 던집니다.

세계에서 인구밀도가 가장 높은 대도시인 도쿄에서 지내다 보니 어딘가 나가 여름을 즐기고 싶다는 갈망이 생겼습니다. 이번 호의 패션 사진 32장은 마르세유 해변에서 촬영했고, 코코 오는 LA에서 몇 년을 지낸 뒤 코펜하겐으로 돌아와 가수로서 어떻게 다시 여유를 찾게 되었는지 들려줍니다. 건축가 켄고 쿠마와 비조이 자인과의 인터뷰에서 우리는 주위의 자연과 빛과 대화하며 집을 짓는 작업에 경의를 표하게 되었습니다.

그 밖의 장소에서 우리 기자들과 포토그래퍼들은 '이망증移望症, Zugunrehe'이라는 계절적 불안을 이해하고 여행 가방 잘 싸는 법을 배웠으며, 『킨포크』 식구들은 한창 여름휴가 모드인 지금 파리에서 가장 패셔너블한 고양이 소크라테스와 스튜디오에서 하루를 보냈습니다.

JOHN CLIFFORD BURNS & HARRIET FITCH LITTLE

PART ONE

Starters

PART TWO

Features

"나는 정말 혼자서 모든 걸 한다는 게 뭔지 알고 싶었어요."
COCO O – P.40

Photograph: Aiala Hernando

1949 – 2019
standing the hard test of time. ◢ string.se

string® shelving system. made in sweden

string®

new. outdoor. galvanized.

PART THREE

Tokyo

"도쿄에서 가장 파악하기 쉬운 건 건축물의 수준이다."
TIM HORNYAK — P. 176

PART FOUR

Directory

Photograph: Romain Laprade

YŌNOBI

ITSYONOBI.COM

Dorval collection by SCMP DESIGN OFFICE
Edited by Lambert & Fils

lambert&fils

1
Starters

RIMA SABINA AOUF

On Self-Mythology

자아신화에 대하여

퀴클롭스가 되지 말고, 시야를 넓혀라.

신화는 이야기 그 이상이다. 지난 세기 말, 몇몇 심리학자들은 신화라는 렌즈로 우리의 정신 세계를 들여다보았다. 칼 융의 집단무의식 이론에 영향을 받은 사람들은 신화를 한 번도 읽은 적 없는 이들의 마음에도 원형原型 캐릭터와 모티프가 존재한다고 믿었다.

이러한 프레임으로 형제나 동료 간의 갈등을 겪는 남성은 전쟁의 신 아레스에서 원형을 찾고, 평범한 사무직이지만 모험과 로맨스에서 삶의 가치를 찾는 여성은 모험가 헤르메스를 흉내 내고 있다고 해석한다. 분석가들은 사람들이 무의식적으로 모방하려는 원형을 이해하면 그들의 삶의 선택을 이해할 수 있다고 주장한다.

신화에 등장하는 사기꾼, 교사, 보호자, 쾌락 추구자는 하나의 공통점으로 연결된다. 그들은 모두 영웅이라는 점이다. 조수나 악당을 우상화하거나, 자신이 그렇다고 생각하는 사람도 없다. 하지만 우리 자신을 이야기의 중심에 놓는 건 유아론唯我論, Solipcism이 아니다. 무의식적 스토리텔링의 형태로써 자연스럽게 삶에서 영웅의 역할을 연기하는 것이다. 우리는 자신의 역사를 돌아보며, 흩어져 있던 이정표를 지금껏 살아온 인생을 설명하는 데 끌어들인다. 이러한 단편들에 정체성이 더해지면 우리 앞에 펼쳐진 길은 부드럽게 빛을 밝힌다.

하지만 단지 영웅이 되어야 하기 때문에 '원형의 영웅'이 되어야 한다는 뜻은 아니다. 철학자 조지프 캠벨은 1949년 발표한 「천의 얼굴을 가진 영웅」에서 시간과 장소를 막론하고 모든 영웅들은 똑같이 '단일신화monomyth'의 변형일 뿐이라고 주장했다. 캠벨은 "영웅의 여정"을 세 문장으로 압축해 큰 영향력을 발휘했다. (사실, 조지 루카스도 그의 주장을 유념해 「스타워즈」를 썼다.)

"영웅은 일상적인 삶의 세계에서 초자연적인 경이로운 세상으로 모험을 떠나고 그곳에서 엄청난 세력과 만나 결국은 결정적인 승리를 거둔다. 그리고 동료들에게 은혜를 베풀 힘을 얻어 신비로운 모험에서 현실 세계로 돌아온다."

표면적으로 이 영웅은 낭만적이고 용기를 주는 이상적인 모습으로 제시된다. 하지만 그들은 홀로 존재하며, 그들의 특별함은 타고난 것일 뿐 후천적으로 습득된 것이 아니다. 영웅이 선의 편에 있다고 생각하지만, 실제로 그런지 판단할 방법은 없다.

이것이 우리의 무의식이 들춰낸 영웅의 이미지라면, 의식적인 마음이 개입할 것이다. 다른 건 차치하고 우리가 이러한 영웅의 여정에 있음을 깨닫는다면, 말 그대로 승리 외의 다른 결과를 얻는다고 해서 어떻게 위기를 피하려 하겠는가?

그러니 나아가 영웅이 돼라. 단, 맥락으로 무장해야 한다. 당신의 특권을 인정하고 당신의 삶을 풍요롭게 하는 사람들의 존재를 알아야 한다. 때로는 하인 역할을 맡을 준비도 해야 한다. 어떤 변화도, 그에 따른 어떤 결말도 받아들일 수 있어야 한다. 그리고 가끔은 당신의 이야기를 비판적인 눈으로 들여다보라.

"자신에게 하는 이야기와 자기 자신을 돌아보는 것은 굉장히 가치 있는 일이다." 런던 인생학교의 심리치료센터장 샬롯 폭스 웨버는 이렇게 말한다. "당연히 여기던 정형화된 이야기를 뒤집어, 다시 쓰는 작업을 비롯해 자신의 경험을 정리할 수 있을 때 인식의 무언가가 변한다. 우리의 이야기를 검토하고 조정해 전혀 다른 이야기로 바꿀 수 있는 것이다. 그래서 나는 가능하다면 의도적으로 사람들을 과거로 데려가고자 한다. 하지만 과거로 돌아가 꼼짝도 않고 머물러 있는 건 현실을 회피하고 환상이나 불안으로 가득 찬 것 같은, 다가오지 않은 미래만을 기다리며 사는 것만큼 좋지 않다."

이기심과 이타심 사이의 긴장 관계는 없애기보다 받아들여야 하는 난관이다. "나는 개인과 집단 사이의 긴장감, 집단에서 나오는 목적의식과 효능을 사랑한다." 웨버는 말한다. "함께 일하고, 유대관계를 맺고, 강점을 만들어 발휘할 생각을 하는 것보다 한 개인의 브랜드를 강조할 때 놓치기 쉬운 것이다."

토드 허만은 올해 발표한 「알터 에고 효과」에서 운동선수들은 경기장에 들어가는 순간 "영웅적 자아"를 만들어낸다고 주장한다.

ALEX ANDERSON

On Air Conditioning
에어컨에 대하여

시원하기만 하면 된다고? 다시 생각해보라.

20세기의 전환기, 엔지니어들은 초기 공기 냉각 기술을 "인공 날씨"라고 불렀다. 과학이 정복할 수 없었던 것, 바로 날씨를 곧 정복하게 되리라는 낙관을 담은 표현이었다. 그 후로 수십 년간 내부 공기를 필터링해 냉각하고 최적화하는 과정을 실용적으로 설명하는 "에어 컨디셔닝"이라는 용어가 널리 사용되었다.

명칭이 그리 이상적이지 않다고 해서 에어컨이 지구에 미친 엄청난 영향력이 평가절하되지는 않는다. 이 기술로 인해 전 세계 수많은 사람들이 편하게 살게 되고 새로운 도시가 탄생되었다. 역사가 할 로스먼이 「네온 메트로폴리스」에서 설명하듯 미국 남부 지역에서 "에어컨은 쾌적한 거주 환경의 기폭제"였다. 라스베이거스를 방문하는 사람이라

면 누구나 이 사막 도시는 에어컨 없이 돌아갈 수 없다는 사실을 알고 있다. 덕분에 여름의 강렬한 열기에도 모하비 사막을 즐길 수 있지 않나. 사람들이 뉴욕과 시카고의 겨울 혹한기를 피해 라스베이거스, 피닉스, 마이애미 같은 남쪽 도시로 여행한 역사는 오래되었지만, 지난 세기 중반에 에어컨이 널리 보급되면서 많은 사람들이 아예 남쪽으로 이주했다. 그러면서 1950년부터 2000년 사이 미국 인구 분포가 갑자기 남쪽으로 기울어졌다. 전체 인구의 28%에서 40%로 증가한 것이다.

세계적으로도 비슷한 변화가 일어났다. 현재 중국에 설치된 에어컨이 미국의 두 배에 달한다는 수치가 보여주듯, 에어컨은 시안부터 항저우에 이르기

까지 똑같이 쾌적한 환경을 마련하며 도시 이주를 촉진했다. 상파울루, 리야드, 뭄바이도 마찬가지다. 로스먼이 말하듯, 에어컨은 사람들에게 "어떤 풍경에서도 통하는 사회의 기본 틀을 특징짓는" 역할을 하게 된 것이다.

그러나 굳게 닫힌 창문과 끊임없이 울리는 기계음은 풀과 재스민 향, 흉내지빠귀의 행복한 지저귐, 밤벌레들의 울음, 비와 바람이 흐르는 소리가 주는 풍경의 아름다움을 퇴색시키기도 한다. 시원한 거실과 사무실을 오가다 보면 '바깥'은 불편하게 느껴지기 일쑤다. 그래서 우리는 여름이면 에어컨이 열을 차단한 유리창 뒤에서 텅 빈 잔디밭에 그늘을 드리우며 뜨거운 바람에 부드럽게 흔들리는 나무를 내다본다.

Photograph: Leonardo Holanda, Model: Pedro Aboud

공기의 흐름

by John Clifford Burns

에어컨의 역사보다 더 디스토피아적인 것은 오싹한 상품화이다. 이제 신선한 공기는 스프레이 캔에 담겨 온라인에서 팔린다. 캐나다 기업 〈Vitality Air〉가 판매하는 이 제품은 일명 "라이프스타일"로 불리며 병에 담는 공정은 "품이 많이 든다"고 한다. 8리터 캔 하나에 $32 (배송비 제외)이며 160번 호흡(혹은 약 10분 정도)할 수 있는 분량이다. "우리 제품은 정말 가볍다. 그 안에 뭔가 들어 있다고 상상이나 되는가?"와 슬프게도 "어떤 맛이 날까?" 등의 FAQ 중에는, UN이 생각할 법한 긴급한 질문이 있다. "어떤 사람들이 공기를 살까?" (정답: 캔에 담긴 자본주의는 중국 내 오염이 심한 지역에서 인기다.) 여기 당신이 숨 쉴 공기를 수입하는 것보다 개선시킬 몇 가지 옵션을 제시한다. (위: 〈다이슨〉의 퓨어 핫앤쿨 퓨리파이어 히터 앤 팬, 가운데: 〈딥티크〉의 퍼 드 부아 캔들, 아래: 〈애브리데이 니즈〉의 일본 종이부채)

CHARLES SHAFAIEH

Well Hung

잘 드리워진

커튼 뒤를 슬쩍 들여다보다.

밀란 쿤데라는 에세이 「커튼」에서 소설이 소소한 일상에서 삶의 진실을 보여주는 방식이 "커튼을 걷으며" 드러내는 것과 비슷하다고 설명했다. 이 표현을 보다 직관적으로 보여주는 예는 영화 「오즈의 마법사」에서 도로시의 강아지 토토가 에메랄드빛 커튼을 끌어당겨, 마법사가 기계를 작동하는 평범한 남자임을 드러내는 장면이다. "커튼 뒤의 저 사람에게 신경 쓰지 말라." 마법사는 절박하게 권위의 허울을 유지하려고 소리친다.

드러난 것에 주목해야 하겠지만 커튼 자체에도 집중해야 한다. 다른 어떤 장벽보다 감추려는 대상에 중요성을 불어넣기 때문이다. 고해성사를 할 때 사제로부터 자신을 가리는 막부터 극장의 붉은 벨벳 커튼에 이르기까지, 커튼은 기대감과 약속, 심지어 위협감마저도 준다. 커튼의 잔물결은 끊임없이 안절부절못하는 상태를 암시한다. 움직임이 없을 때조차 감각적인 주름이 빚어낸 그늘은 신비로움을 떠올리게 한다. 쉽게 열리지만, 맞은편에 있는 그 무엇도 접근하기 어렵고 심지어 전혀 다른 세상이라는 느낌을 준다. 그래서 커튼이 초현실주의자들을 매료시킨다는 사실이 그리 놀랍지 않다. "나는 항상 커튼을 그리고 싶다." 프랜시스 베이컨은 말했다. "나는 사방에 커튼이 둘러쳐진 방을 사랑한다." 화가가 되기 전 인테리어 디자이너였던 베이컨은 감추면서도 비추고, 가두면서도 드러내는 얇은 베일로 수많은 인물을 감쌌다. 르네 마그리트는 이러한 역설을 이해했다. 그는 환상을 드러내고 창조하는 이중적 기능을 차용해, 휘장으로 인생의 신비를 비유했다. "우리는 커튼에 둘러싸여 있다. 그리고 겉모습이라는 커튼 뒤에서 세상을 인식한다. 동시에 어떤 사물이 인식되기 위해서는 덮여야만 한다."

베이컨과 마그리트가 데이비드 린치의 「트윈픽스」를 봤다면 둘 다 붉은 방에 매료되었을 것이다. 벽의 역할을 하는 진홍색 커튼으로 이름 지은 이 기묘한 공간에서는 말과 움직임이 이상하게 느껴진다. 이 방은 예술가, 가수, 사제, 배우 그 누가 되었든 알고 있는 것을 극단으로 치닫게 한다. 커튼은 열렸든 닫혔든 간에, 마법의 새로운 세상뿐 아니라 현실의 기묘함도 드러낼 수 있는 것이다.

ASHER ROSS

Word: Tsundoku

삶 속의 단어: 츤도쿠

읽지 않을 책을 사는 핑계.

어원: 일본어 츤도쿠積ん読는 "물건을 쌓아두다"라는 뜻의 츤데오쿠積んで置く, "읽다"라는 뜻의 도쿠読의 한자가 합쳐져 만들어진 단어다. 이 혼합어가 19세기 후반 처음으로 인쇄물에 등장했을 때는 일종의 운율을 사용한 말장난 정도였고, "읽을 거리를 사놓고 쌓아둔다."고 느슨하게 번역된다.

의미: 츤도쿠에는 경멸적 의미가 담겨 있지 않다. 오히려 즐거운 변덕의 이미지를 갖고 있다. 저마다 미지의 세계를 담고 있는 책들이 읽히지 않은 채 탑처럼 쌓여 위태롭게 흔들리는 모습을 떠올린다. 미니멀리즘은 미적으로 아름다우며, 우리의 소유욕을 진정시킬 좋은 방법이기도 하다. 하지만 서재는 예외로 하자. 책을 많이 읽는 사람들은 읽을수록 자신들의 무지를 인식하게 된다는 점에서 그들의 책장을 단순히 트로피 진열장으로 취급해서는 안 된다. 「미들마치」가 존 디디온이 어디선가 추

천했으나 여전히 책등이 빳빳한 책 세 권과 더불어 안 읽은 책을 내려다보게 하라. 언젠가 그들의 때가 올 것이다. 레바논계 미국인 학자 나심 니콜라스 탈레브가 말하지 않았나. "서재는 재력만큼 자신의 무지도 담고 있다. 그러니 그곳에 놓아두는 걸 허하라."

가차 없이 버리자는 최근의 유행을 선도하는 곤도 마리에는 넷플릭스 히트 시리즈 「설레지 않으면 버려라」에서 책을 특별한 표적으로 지목했다. 개인적으로 "한 번에 30권 정도" 보관하는 걸 선호한다는 그녀의 발언은 책 애호가들의 반발을 샀다. 곤도는 고객들에게 서재에서 가장 좋아하는 책을 제외하고는 인기 작품이든 뭐든 전부 버리도록 강요한다. 그녀는 결정 내리는 기준을 이렇게 설명한다. "이 책들을 가지고 있으면 앞으로의 삶에 도움이 될까?" 그런데 문제는 알 수 없다는 점이다. 미래는 신비로우며, 우리 마음도 신

비한 욕구를 가진다. 어떤 책이 시간이 흐르며 더욱 지혜를 줄지, 어떤 책이 책장 위에서 고사할지 예측할 수 없는 것이다. 우리 아이가 처음으로 마음의 상처를 입었을 때를 대비해 어떤 책을 보관해야 할까? 2032년 새해 첫날 새벽 3시, 몽롱한 눈으로 무슨 책을 읽어야 할까? 곤도의 표현대로 어릴 적 중년이 되면 지루하게 느껴질 것 같은 생각에 "설레지 않아 버린" 책들은 나중에 다시 우리의 마음을 사로잡는다. 확신은 불가능하다. 따라서 우연과 직관을 믿어야 한다.

츤도쿠는 무지할 자유를 내포하기에 즐거운 말이다. 독서를 과제가 아닌 길 없는 숲을 지나는 여정으로 여긴다. 그래서 운이 좋으면 우리는 이번 생에서 여러 자아를 갖고, 단순히 기쁨만이 아닌 많은 감정을 가장 깊은 곳까지 경험할 것이다. 아직 읽지 않은 책들은 때를 기다리고 있다는 뜻이다.

수필가 나심 니콜라스 탈레브는 읽지 않은 책 컬렉션을 "반反 서재"라고 말한다. 그는 「블랙 스완」에서 이렇게 썼다. "알면 알수록 읽지 않은 책이 많아진다."

Photograph: Julien Oppenheim, Installation: La Bibliothèque by Pierre Yovanovitch

Cecilie Bahnsen

세실리 반센

하이퍼페미닌 패션에 스니커즈를 매치하는 디자이너를 만나다.

Photography: Christian Møller Andersen

2015년 자신의 이름을 딴 브랜드를 세우기 전, 세실리 반센은 존 갈리아노에서 프린트 디자이너로 일했다. "하지만 3D 요소가 그리웠답니다." 정신없이 이어지는 파리 패션위크의 일정 사이사이 짬을 내며 그녀가 설명했다. 반센의 라인은 볼륨 있는 퍼프볼과 과장된 페플럼으로 디자인의 3D 요소를 최대한 활용한다. 우선 덴마크의 여성복 디자이너가 여성스러움을 전복시키고 마침내 자신의 옷을 만들 수 있게 된 걸 축하한다.

HFL: 당신의 옷은 "소녀풍"이라고들 한다. 어린 시절 어떤 옷을 입고 자랐나? **CB:** 확실히 내가 여동생보다 실험적이긴 했다. 지금 컬렉션에서 보듯 남성적인 면과 여성적인 면을 결합하는 식으로, 푸피 드레스에 장화를 매치하곤 했다.

HFL: 이젠 직접 디자인한 옷을 입나? **CB:** 그렇다. 웃기지만, 처음 1년 반 동안은 내 옷을 입을 여유가 없었다. 나는 샘플 사이즈가 아니었고, 디자이너로서 갓 독립했기에 나를 위해 옷을 만들 돈이 없었다. 그래서 지금 내가 디자인한 옷을 입을 수 있다는 것은 꽤 놀라운 일이다. 하지만 여전히 트레이닝복에 아무거나 걸쳐 입는다! **HFL:** 팝업스토어를 만들 때 당신의 옷을 디스플레이

할 인테리어도 디자인한다. 그 이유는 무엇인가? **CB:** 나는 드레스가 조각품이라고 생각하며, 사람에게 걸치지 않은 채 전시되는 방식을 좋아한다. 또한 사람들이 우리 브랜드를 경험하게 하고 싶다. 자신만의 가게가 없으니 더욱 그렇다. 공간이나 쇼, 음악, 혹은 소녀들의 걸음걸이 등 무엇을 통하더라도 우리가 특정한 우주에 존재한다는 느낌을 만들어내려고 한다.

HFL: 확실히 당신은 스칸디나비아 스타일의 대명사인 미니멀리즘의 틀에 맞는 것 같진 않은데, 코펜하겐에 거점을 둠으로써 무엇을 얻었나? **CB:** 나는 갈리아노 같은 큰 패션 하우스에서 일하면서 많은 걸 배웠다. 덴마크식 접근 방식과는 굉장히 달랐다. 무늬를 프린트하고, 그 위에 자수를 놓은 다음, 당신이 찾을 수 있는 가장 큰 드레스에 그것을 올려놓는 식이다. 내가 간직해온 디자인 철학은 드레스 한 벌을 정교하게 만들어낸다는 것이다. 하지만 덴마크에서는 일하는 분위기나 옷 입는 방식에서 자연스러움을 추구한다. 당신이 걸친 옷은 편해야 한다. 커다란 조형물 같은 드레스라도 부드럽게 멋있어서 굉장히 비싼 옷을 입고 있는 느낌이 들지 않도록 말이다.

반센은 여성복 디자이너로 남고자 하지만, 남성들 사이에서 유행 중인 중성 패션과 남성복과 여성복의 재미있는 '스타일 믹스'에도 관심이 많다.

깨진 조각상의 아름다움에 대하여.

ELISE BELL

Stone Broke

깨진 돌

박물관의 고전 조각상 중 원상태로
보전된 것은 거의 없다. 많은 작품에서
팔다리가 없어지고 튀어나온 부분이
있었을 뿐 아니라, 처음에는 화려하게
채색되어 있었다.

당신도 그녀를 잘 알 것이다. 직접 보진 않았더라도 말이다. 바로 밀로의 비너스, 밀로의 아프로디테다. 대리석에 조각된 그녀는 이름만으로 어떤 인간도 필적할 수 없는 신성한 아름다움을 대변한다. 하지만 이 가장 유명한 비너스는 복구가 어려울 정도로 손상된 작품이다. 두 팔이 모두 없어졌으니 말이다.

많은 유명 고전 조각상들과 마찬가지로 밀로의 비너스에 대한 우리의 평가는 상실을 바탕으로 한다. 미국의 작가 찰스 포트는 말했다. "아이가 보기에 그녀는 아름답지 않다. 하지만 그 자체로 완벽하다는 마음이 들면 설령 생리적으로 불완전하다 해도 아름답게 생각된다." 고고학자나 역사학자들에게 이 불완전한 걸작은 풀어야 할 수수께끼다. 밀로의 비너스를 재건해보면 그녀의 팔이 실타래나 창을 들고, 돌리며 움직였음을 암시한다. 하지만 대부분 사람들에게는 이 여신의 팔을 상상할 절박한 필요가 없다. 사실, 이런 고전적인 인물들이 묘하게 현대적으로 느껴지는 건 신체의 일부가 없기 때문이다.

초현실주의자들을 생각해보자. 장 아르프 같은 다다이스트들은 고전을 해체해 머리 없는 몸통으로 구현했으며, 달리는 그의 가장 유명한 작품에서 밀로의 비너스 모양 석고상에 서랍을 더해 이미 이상한 형태를 더욱 부조리하게 만들었다. 수십 년간 폭력과 세계대전을 겪는 동안, 한때는 완전했을 불완전한 조각상들은 오싹하리만치 뼈처럼 느껴졌다. 이전 세대는 조각상의 신비한 결함에 매료된 지금의 우리와는 달리 판단했다. 코펜하겐의 미로 같은 글립토테크 박물관에는 코 진열장이 있다. 석고로 만든 여러 모양의 코는 과거의 예술품 복원 관행을 말해준다. 빅토리아 시대 사람들은 유럽을 비롯해 그 너머 지역의 고대 예술품을 약탈해 자국으로 가져 와, 틀을 만들어 손상된 부분을 감추고 복원했다. 하지만 취향이 변하며 이 대체품들은 관심을 얻지 못했다. 얼굴을 완성하기 위해 고안된 코는 제거되어 후세를 위해 진열장에서 전시되었다.

글립토테크의 코는 아직 이기지 못한 미적 논쟁의 상징이다. 부서진 예술품을 고칠 수 있다면 고쳐야 할까, 아니면 그대로 두어야 할까? 기술과 과학이 풀지 못하는 미스터리가 없는 시대를 향해 달려가는 지금, 불완전하다 해도 원래 모습 그대로 존재하는 것에서 더 위대한 아름다움이 느껴진다.

Artwork: Eye, Nose and Cheek, F.E. McWilliam, 1939

Left Photography: Courtesy of Mykita, Sun Buddies and Retrosuperfuture. Right Photograph: Eve Arnold / Magnum Photos / Ritzau Scanpix

태양의 뒤에서
by Harriet Fitch Little

수수께끼다. 절대 실제로 볼 수 없는 사진을 뭐라고 부를까? "잔상"은 밝은 광원을 응시하고 난 뒤 순간적으로 보이는 모양에 붙여진 이름이다. 밤에 차의 상향등을 보면 흰 구체 모양이 남는다. 태양을 정면으로 응시하면 이와 똑같은 효과가 증폭되어 아주 해로운 결과가 생길 수도 있다. 폴란드의 전위예술가 블라디슬라브 스트레제민스키는 망막 내 광수용체가 적응하는 과정에서 일어나는 이 현상에 흥미를 갖고 빛이 투사되며 순간적으로 생기는 형태를 재현하는 작품 활동을 이어왔다. 집에서 스트레제민스키식 그림 그리기를 시도하기 전, 가장 해로운 광선을 차단할 그늘에 투자하라. (위:〈마이키타+메종 마르지엘라〉의 로 토바고, 가운데:〈선버디스〉의 우마, 아래:〈레트로슈퍼퓨처〉의 산타 블랙)

DEBIKA RAY

Smaller Talk

친해지는 대화

아이들과 대화할 때 필요한 요령.

자신과 다른 세계관을 가진 사람과 어떻게 대화할까? 쉽다. 누군가와 대화한다면, 설령 지구 반대편에 있다 해도 자연스럽게 말이 흘러나온다. 우리는 타인을 이해한다는 것은 곧 그들의 인생 경험을 간파한다는 의미임을 본능적으로 알고 있기 때문이다.

이와 대조적으로, 많은 이들이 아이들과 대화할 때 애를 먹는다. 인간의 상호작용에 대한 보편적 규칙이 적용되지 않는 것 같기 때문에, 눈을 낮춰 아이 흉내를 낸다. 열정을 과장해 표현하거나 아이들의 언어나 어조에 맞추는 식으로 그들과 연결되려 한다.

아이들과 관계 맺으려는 노력이 헛되게도 멸시로 돌아오는 걸 안다면, 아이들의 사고방식이 근본적으로 다르지 않다는 시베알 파운더의 말에 놀랄 수도 있다. 7~9세 아이들에 대한 유머러스한 책을 쓰는 그녀는 말한다. "나는 아이들 이야기를 쓸 때 어른 이야기와 다르게 구성하지 않는다." 예를 들어, 농담을 쓸 때도 내용이 다를 뿐 똑같은 구조를 사용한다는 것이다.

인기 있는 어린이 이야기와 영화를 생각해보면 맞는 말 같다. 「메리 포핀스」부터 「토이 스토리」까지 모든 이야기가 성공한 이유는 플롯이 말도 안 되기 때문이 아니라 그 작품 속에 구성된 세계가 어른 세계의 합리성을 따르고 그 안에서 창조되거나 존재하는 어른들이 이를 진지하게 받아들이기 때문이다.

또 다른 동화 작가 애비 롱스태프는 어린이 관점에서 마음이 쓰이는 부분을 지적한다. "아이들은 이야기 속 사소한 부분에 집착하는 경향이 있다. 내 그림책 「솜씨 좋은 미용사 키키와 라푼젤」에서 나쁜 마녀는 감옥에 간다. 그런데 독자와의 만남에서 한 소년이 손을 들고 물었다. '마녀가 감옥에 있는 동안 누가 고양이를 돌보나요?'"

파운더는 아이들이 우리와 다른 점은 세계관의 순수성이라고 말한다. 아이들은 본질적으로 낙관적이기 때문에, 나쁜 악당을 물리치고 세계를 지배하고 용을 죽일 수 있다고 믿는 것이다. "어른과 아이의 접근 방식의 차이를 만들어내는 낙관주의 같은 근본 가치가 세월이 흐르며 침식되는 게 아닐까 의구심이 든다." 그녀는 말한다. 그렇다면 질문하고 토론하고 공감을 이끌어내는 대화의 보편적 법칙은 어른만큼이나 아이들에게도 적용되는 것 같다. 그 암호를 해독하기 위해, 얼마 전까지만 해도 우리도 우리 자신이 뭐든 할 수 있다고 믿었다는 걸 떠올려보자.

In art, form is
as the thr
object
oc

A gra
to light,
the stone, and even
—by centuries of s
seashore. Much lighter t

전부 잘라서
by Harriet Fitch Little

1947년, 영국의 화가이자 참전용사인 아드리안 힐은 요양소에서 결핵을 치료하면서 그림 그리기의 치료 효과를 깨달았다. 훗날 자신의 저서 「그림 대 병」에서 회고하듯 그가 그린 연필 드로잉은 "창조적 가치와 치료적 가치의 미덕을 결합한 도피의 한 형태"가 되었다. 힐이 만든 표현인 미술 치료는 정신 건강 치료 분야에서 인기가 지속될 것이다. 오늘날 테라피스트들은 환자에게 그림을 그리게 함으로써 말하지 않은 감정을 표현하게 한다. 크리에이티브 아트 테라피스트 멜리사 워커는 TED 강연에서 이렇게 말했다. "트라우마를 경험하면 브로카Broca, 즉 뇌의 언어 영역이 실제로 폐쇄된다." 그림 그리기는 그 막힌 곳을 우회해 표현하는 방법이다. 하지만 힐은 그의 뒤를 이은 대부분의 미술 치료사들처럼 미술에 재능이 있었다. 막대 인간이나 내키는 대로 석양을 그리는 것조차 힘든 사람들에게 이런 방법이 도움이 될까? 이런 경우의 대안이 바로 콜라주 치료법이다. 기존의 이미지를 조합해 그림을 만드는 방법인데, 대화의 시작점이 된다. 게다가 치료 환경 밖에서도 콜라주 만들기는 스트레스를 해소하고 창의적 사고를 기르는 데 도움이 된다. 필요한 건 가위와 풀, 잡지 몇 권뿐이다. 이걸로 시작해보자. *Artwork: Form, B.D. Graft, 2015*

BEN SHATTUCK

Bird Brains

새의 두뇌

날고 싶은 충동을 펼치며.

라나 풍경이 여름으로 가득 채워지기를 기다리는 때이다. 숲을 지나는 오솔길을 따라 마냥 걷다 수영할 만한 웅덩이와 햇빛으로 데워진 돌을 찾고 산비탈을 걸어 올라가 잔디밭에서 잠드는 풍경 말이다.

명금의 떠나려는 충동은 멜라토닌이 급격히 감소하는 밤이면 호르몬과 환경의 요인으로 생겨난다. 봄이면 새끼들을 키우기 위해 먹잇감 곤충이 많은 북반구로 날아가고, 겨울이 시작되어 땅에서 먹이를 구하기 어려워지고 새끼들이 자라면 씨앗과 열매, 벌레를 찾아 남아메리카, 아프리카, 동남아시아로 돌아간다. 이들은 수천 킬로미터에 달하는 산맥과 바다를 건널 능력과 충동을 물려받아, 수천 년 동안 이런 과정을 반복해왔고 그 정확성은 과학자들이 당황할 정도이다. 북극 제비갈매기가 평생 이동하는 거리는 지구와 달을 세 번 왕복하는 거리에 달한다고 한다. 조상으로부터 물려받은 굉장히 강한 본능이기에 여전히 어떤 새들은 한때 만년설이 있던 극지방에서 이주를 끝내고 1만 5천 년 전에 녹아버린 벽 저편에 내려 앉는다.

사람들의 이망증은 이동에 선행하지 않는다. 그저 안절부절못하는 마음, 즉 계절의 변화로 생긴 종잡을 수 없는 상상력일 뿐이다. 1852년 4월 초, 헨리 데이비드 소로는 이렇게 일기에 썼다. "나는 녹고 싶다." 그는 이어서 자신의 이망증을 설명한다. "몇 주 전, 새들이 오기 전, 반쯤은 예언인 듯, 봄날 이른 새벽 새들이 지저귀는 소리가 밤중에 마음속에 떠올랐다. 그리고 어젯밤 꿈결에 한여름 개구리가 튀어 오르는 소리를 듣고 이런 광경을 정신적으로라도 느낄 수 있으니 얼마나 영광인지 깨달았다. 기대는 예언에 수렴한다."

여름이 다가오고 있음을 그는 꿈속에서 느꼈다. 아마 구스타프 크라머의 우리에 갇힌 새들도 그렇게 느꼈을 것이다. 별을 따라 무작정 북쪽으로 가야 한다는 불안뿐 아니라 기대와 수평선 너머 초여름 아침의 예언, 먹이를 찾고 파트너를 찾아 교미해 부모가 되는 완벽한 타이밍이라는 백일몽으로 몸이 움찔댈 것이다. 우리가 도망치고 싶을 때는 단지 추위나 한겨울에 갇힌 집으로부터의 탈출이 아닌, 소로와 명금처럼 예언일지도 모른다. 수평선 너머 더 나은 뭔가가 있을 거라는 기대감이다. 그러니 날아가기만 하면 되는 것이다.

1949년 봄, 니더작센 주의 한 해안 마을에서 조류학자 구스타프 크라머는 철새인 명금 몇 마리를 잡아, 우리에 넣어 밖으로 데려나왔다. 그는 매일 밤 새들이 같은 방향을 향해 날개를 폈다가 떨며, 하늘을 향해 부리를 들어 올린다는 사실을 알아챘다. 새들은 동요하고 흥분한 상태로 횃대 위에서 깡충깡충 뛰며 우리의 이동 경로를 향해 날개를 파닥였다. 명금은 북극성을 보고 방향을 잡기 때문에 해가 진 후 밤하늘을 볼 수 있을 때 이런 행동을 했다. 크라머는 이 상

태를 zugunruhe이망증라고 불렀다. 독일어의 zug이동하다와 unruhe불안이라는 단어를 결합해 만든 단어로, 철새들의 불안이라는 뜻이다.

이런 현상은 사람들 사이에서도 일어난다. 떠날 때가 되면 마음이 동요한다. 조니 미첼이 「Urge for Going」에서 "태양이 배신해 차가워지고 온 나무들이 벌거벗은 채 늘어서 떨고 있을 때"라고 노래하듯 대부분 가을에 이런 감정을 느낀다. 봄에 느끼는 사람들도 있다. 땅이 겨울에서 벗어나고, 얼음과 찬 공기가 물

Photograph: *BLACK SUN #1,
Starling Murmuration* by Søren
Solkær (Denmark, 2016)

BEN SHATTUCK

How to Keep a Secret

비밀을 지키는 법

눈에 보이지 않는 것은 생각나지 않는다.

비밀을 지키는 것의 어려움은 비밀이 밝혀지려는 순간 그걸 감추는 것이 아닌, 비밀을 품고 살아간다는 데 있다. 말해선 안 되는 비밀을 안고 살아가다 보면, 길이 막히거나 잠자리에 들 때면 그 비밀이 마음을 뒤집어놓는다. 마이클 슬레피안은 2017년 획기적인 연구 「비밀 유지 경험」에서 품고 있는 비밀이 많을수록 스트레스와 불안, 우울증이 높다고 밝혔다. 하지만 슬레피안은 말한다. "누구나 비밀 하나쯤은 갖고 있다. 비밀이 있다고 해서 나쁜 사람이라고 할 수는 없다. 사람들은 평균 13개의 비밀을 갖고 있다." 그는 이로 인한 외로운 마음을 달랠 수 있는 두 가지 방법을 조언했다. 고백과 비밀을 대하는 사고방식의 전환이다.

BS: 정확히 비밀을 지키는 것의 어떤 부분이 악영향을 미치는가? **MS:** 다른 사람에게 알려져선 안 되는 정보를 알고 있다는 사실 자체가 악영향을 미친다. 우리가 이 세상을 살아가는 유일한 방법은 타인과의 상호작용이고, 서로 경험을 공유함으로써 연결되지 않는가.

BS: 비밀을 지키는 사람마다 다른 영향을 받나? **MS:** 비밀은 죄의식보다 수치심을 느끼기 쉬운 사람들에게 더 악영향을 미친다. 수치심은 나쁜 사람이 되었다는 느낌을 주는 반면, 죄의식은 '나쁜 짓을 했다.'는 생각이 들게 한다. 본능적으로 죄의식은 더 건강한

감정으로 수용된다. 나쁜 짓을 했다고 느끼면 잘못을 고치고 사과할 수 있으며 다시는 그러지 않으면 된다는 생각이 든다. 하지만 수치심을 느끼고 자신이 나쁜 사람이나 가치 없는 사람이라고 믿게 된다면 그 비밀을 되새기느라 마음이 방황한다. 그래서 더욱 치명적이고 해로운 것이다.

BS: 이렇게 비밀이 악영향을 미치는데 우리는 왜 비밀을 지키는 걸까? **MS:** 비밀을 품고 있는 사람들이 자주 하는 생각은 "비밀을 밝히면 어떤 해를 입게 될까?"이다. 고전적으로는 파트너를 속일까 고백할까 결정하는 것이다. 대부분은 '신뢰가 가장 중요하다.'고 생각하지만, 관계가 고백의 무게를 견뎌낼 수 있을지도 생각해야 한다. 부정을 옹호하는 건 아니지만, 비밀을 털어놓음으로써 발생할 수 있는 많은 피해 상황도 고려해야 한다. 이런 경우에 '음, 난 비밀을 지켜야겠어.' 생각하는 사람이 있을 수도 있다. 그러면 이렇게 질문하자. "이 문제를 누구에게 털어놓을 수 있을까? 달리 뭘 할 수 있을까? 어떻게 하면 바른 길을 찾을 수 있을까?" 비밀을 다른 사람에게 털어놓으면 그 문제를 새로운 시각으로 볼 수 있다. 그리고 마음속으로 그 비밀을 덜 생각하게 된다.

BS: 마음이 편해지기 위해 비밀을 털어놓는 대상이 중요한가? 상담사 아니면 친구? 고해성사, 혹은 파트너에게? **MS:** 가족, 친구, 파트너, 상담사,

고해성사를 비교하는 연구를 하진 않았다. 하지만 털어놓을 상대를 찾을 때 고려하는 성격적 특징은 살펴보았다. 대체로 동정심이 많은 사람을 선택하는 경향이 높다. 반면에 사회규범을 잘 따르는 모범생 타입의 사람은 덜 선호한다. 또한 비밀을 털어놓은 다음 무엇을 해야 할지 도와줄 책임감 있고 적극적인 사람도 선호한다. 열정적인 사람, 아니 그만큼은 아니더라도 태평하고 쾌활하며 친절한 사람은 선택하지 않는다.

BS: 인간은 평균 13가지의 비밀을 가지고 있다고 했는데, 그렇다면 그 비밀을 지키기 위한 스트레스와 불안은 필연적인 건가? **MS:** 이 문제는 낙관적 주석이 달린 교훈적 이야기 같다. 교훈적 이야기는 비밀을 숨길 필요가 없을 때도 그 비밀이 당신을 따라다니며 함께 해서 여전히 비밀과 단둘이 있다고 느껴진다는 것이다. 다른 사람들에게 숨길 필요가 없는데도 여전히 마음에 품고 있기 때문에 악영향을 미친다. 하지만 위안이 되는 낙관적인 부분은 비밀을 바라볼 새로운 시각을 찾아내면 삶의 질이 향상된다는 점이다. 다른 사람에게 털어놓으면 다른 세상의 문이 열리며 미래에 집중하게 된다. '앞으로 뭘 할 수 있을까?' 생각하는 것이 더 바람직한 사고방식이다. 무슨 일이 일어났는지 되새기며 과거를 곱씹는다고 해서 바꿀 수 있는 건 없지 않나.

슬레피안의 연구에서 비밀을 지켜야 한다는 압박감이 마음에 영향을 미친다는 사실이 드러났다. 그래서 비밀의 무게에 눌린 사람들은 같은 일도 훨씬 더 부담스럽게 느끼는 것이다.

Artwork: Abrazo Tezontle, 2017. Photograph: Courtesy of Tezontle / PEANA

Massimo Orsini

마시모 오르시니

〈무티나〉의 CEO와의 나누는 타일 이야기.

〈무티나〉의 CEO와의 나누는 타일 이야기.

Photograph: Danilo Scarpati

이탈리아 북부 에밀리아 로마냐 주의 도예가 가정에서 태어난 마시모 오르시니는 어릴 때부터 점토를 다루었다. 2000년대 초반 그는 〈무티나〉를 인수했다. 1970년대 안젤로 만챠로티가 설계한 모데나 외곽의 건물에 입주한 전통 타일 공장이었다. 수천 개의 조각을 손으로 맞춘 모자이크 타일 제작부터 방을 나누는 역할도 하는 3D 테라코타 벽돌 디자인까지 아우르며 〈무티나〉는 현대미술과 인테리어 디자인의 교차점에 자리 잡았다. 그리고 오르시니는 열정을 자신의 삶에까지 확장시켰다. 그는 방대한 예술품 컬렉션을 소장하고 있으며, 그중 상당수를 마치 새로운 〈무티나〉 본사 같은 갤러리에서 전시한다. "나는 예술을 감상할 때면 늘 미적 특징을 찾는다." 오르시니는 설명한다. "이야기를 전하는 방법을 이해하고, 타일을 디자인할 때 똑같은 사고 과정을 적용한다."

GD: 2005년, 당신은 어려움을 겪고 있는 타일 공장을 인수하기로 결정했다. 어떤 비전이 있었나? **MO:** 〈무티나〉는 도기 세계에 대한 관점을 바꿀 목적으로 탄생했다. 그간 이탈리아에서는 고전적인 타일 생산 방식을 고수해왔다. 타일 제조자들은 대리석이나 나무 같은 느낌을 내기 위해 도자기를 사용했다. 하지만 나는 다르게 일하고 싶었다.

GD: 당신은 새로운 시도의 일환으로 도자기 분야 밖에서 디자이너를 데려왔다. 어째서인가? **MO:** 나는 에밀리아 로마냐의 작은 마을 사수올로 출신이지만, 운 좋게도 여행을 하며 내 뿌리인 작은 공동체에 의문을 품게끔, 영감을 준 사람들을 만날 수 있었다. 그로 인해 현대적인 모든 것에 대한 호기심을 키우고 전망 있는 예술가들과 디자이너에게 관심을 두게 되었다. 그들과 대화를 나누고 그들의 관점을 더 배워 궁극적으로는 도자기와 타일의 세계에 적용하고 싶었다. 이 프로젝트는 전적으로 현대 디자인에 대한 예술가들 사이의 대화에서 시작되었다.

GD: 지금까지 스페인의 건축가 파트리샤 우르퀴올라, 일본의 디자이너 요시오카 토쿠진 등 7개국 예술가들과 협업했다. 파트너들마다 다른 파트너십이 펼쳐지는가? **MO:** 우리에게 다른 관점을 줄 수 있는 사람들과 일하는 건 중요한 의미가 있다. 우리가 〈무티나〉를 시작한 건 단지 타일을 팔기 위해서가 아닌 흥미롭고 아름다우며 색다른 무언가를 창조해내기 위해서였다. 지금까지 일본, 독일, 프랑스, 스페인 디자이너와 협업해왔다. 이렇게 중요한 디자이너들과의 협업은 꽤 흥미롭다. 호기심 많은 사람들이기 때문이다. 협업을 통해 도출된 결과물은 세월이 지나도 건재할 것이다.

GD: 새 타일을 디자인하기까지 가장 오래 걸린 것은 무엇인가? **MO:** 아마도 요시오카 토쿠진과 작업했을 때였던 것 같다. 그는 극도로 작은 모자이크 조각의 생산을 제안했는데, 그건 우리 기계를 근본적으로 바꾸라는 요구나 마찬가지였다.

GD: 〈무티나〉에서는 예술가들과 협업하며, 집에서는 예술 작품을 수집한다. 양쪽 영역에 똑같이 흥미를 갖고 있나? **MO:** 나는 항상 시각예술의 미니멀리즘에 영감을 받아왔고, 도널드 저드 같은 예술가나 나와 같은 분야 출신인 루이지 기리 같은 사진작가를 좋아한다. 함께 일한 디자이너들 중에서는 로낭과 에르완 부홀렉처럼 연구조사에 시간 투자를 많이 하는 이들을 존경한다. 그들과의 협업은 오랜 시간이 걸렸지만, 결국 시대를 초월한 아름다운 디자인이 나왔다.

GD: 무슨 계기로 당신이 소장한 예술 작품을 회사에서 전시하기로 결정했나? **MO:** 나는 도예 분야에 국한되지 않고 전 세계 예술가들을 연구함으로써 안목을 기르려 한다. 「Mutina for Art」는 그런 노력의 일환이다. 현재 우리는 「Surface Matters」라는 전시회를 통해 내가 소장하고 있는 사진을 전시한다. 하지만 전시 방식을 다소 다르게 하기로 했다. 전통적인 흰 벽이 아닌, 우리 타일을 붙인 벽에 거는 것이다. 정말 뿌듯하더라.

—

본 기사는 〈무티나〉와의 파트너십에 의해 작성되었다.

"지금껏 고전적인 타일 생산 방식이 고수되어왔다. 나는 다르게 하고 싶었다."

Artwork: Borders by Karel Balcar. Courtesy of Reichenbach Collection, Repro Lhoták

DEBIKA RAY

How to be Charitable

자비로워지는 방법

후원할 자선단체를 결정하는 건 꽤나 무거운 책임이 따르는 일이다. 누구에게 노인과 어린이, 나무와 동물, 암 환자와 당뇨병 환자 간의 도덕적 우선순위를 판단할 자격이 있겠는가? 누가 자격이 있는지의 문제는 개인적 선호와 편견에 근거해야 하나?

　"효율적 이타주의"라는 운동이 이러한 난제에 대한 해결책으로써 점차 수용되는 추세다. 지금껏 우리는 최대 다수의 최대행복이라는 제레미 벤담의 공리주의를 따라왔다. 철학자 피터 싱어의 사상에 기반한 "효율적 이타주의"는 자선 활동에도 똑같은 논리를 적용해 최대의 선을 행할 수 있는 방법으로 우리의 돈과 시간 및 다른

적절한 판단에 반하는 경우.

자원을 배분해야 한다는 사회운동이다. 영국에 본부를 둔 효율적 이타주의 센터는 문제를 규모와 무시되는 정도, 해결 방법을 평가하여, 이에 따라 행동하도록 제안한다. 예컨대 가장 긍정적인 영향을 미치거나 상당한 기부금을 낼 수 있을 만한 직업을 찾는 식이다.

데이터와 알고리즘의 시대에 적합한 접근 방식이다. 싱어는 2015년 인터뷰에서 "효율적 이타주의를 따르는 많은 사람들이 헤지펀드 분야나 컴퓨터 기반 직업, 스타트업 사업가들인 건 단순한 우연이 아니다."고 말했다. 자원이 보다 효율적으로 배분되고 명확한 증거가 제시될 수 있는 근본

논리의 문제점을 지적하기란 쉽지 않다. 잉여 소득이 개인의 경박한 사치보다는 예방 가능한 병을 고치는 데 사용되는 편이 더 효율적인 건 분명하니 말이다. 그러면 자선 목적과 원조의 영향을 공정하게 비교할 방법은 없을까?

하지만 그러한 판단도 결코 객관적이진 못하다. 이를 측정하는 기준이 개개인의 가치와 선호도에 의해 형성되기 때문이다. 빈곤과 환경 악화, 죽음과 고질병, 인간의 생명과 동물의 생명을 숫자만으로 비교할 수 없다. 뿌리 깊은 사회 병폐를 고치거나 부정을 뒤엎기 위해 점진적인 노력을 기울이는 건 당장 가시적인 효과가 나타

나지는 않는다. 나이든 사람들이 수명 연장에 도움된다는 이유만으로 친구들과 교류하는가? 여성의 지위 상승을 임금만으로 판단할 수 있을까? 인간이 공감하는 부분은 경험과 마찬가지로 언제나 주관적이다.

효율적 이타주의의 지지자인 옥스포드 대학교의 윌 맥어스킬 교수는 불타는 건물에서 아기 대신 피카소 그림을 구하는 것이 더 적절한 판단일 수 있다고 주장한다. 이 그림을 팔아 얻은 수익으로 더 많은 아이들을 구할 수 있기 때문이다. 그의 주장이 옳을 수도 있지만, 우리의 마음이 움직이는 쪽으로 자선기금을 쓴다면 더 마음 편히 잘 수 있지 않을까?

NAOMI POLLOCK

Kengo Kuma

쿠마 켄고

일본의 겸손한 스타 건축가.

Photography: Yuji Fukuhara

쿠마 켄고는 외골수이다. 그는 건축물을 디자인하고, 건축에 대한 글을 쓰고, 심지어 좋아하는 온천에 몸을 담그고 있을 때도 건축을 생각한다. "온천욕을 하며 내부와 외관의 관계를 생각하곤 하죠." 디자이너가 진지하게 말한다. 하지만 쿠마는 요즘 휴식을 취할 짬이 없다. 덴마크 오덴세에선 한스 크리스티안 안데르센 박물관이 진행 중이며 작년에 V&A 던디 박물관이 개장했고 2017년에는 포틀랜드 일본 정원의 확장 작업을 마무리했다. 그리고 2020년 올림픽 경기장 설계까지 맡았는데, 도쿄 시내 그의 사무실에서 불과 몇 블록 떨어진 곳에 위치한 경기장은 2019년 11월 완공 예정이다. 여러 대륙에서 프로젝트를 맡으며 쿠마는 서서히, 하지만 확실히 전 세계에서 명성을 얻고 있다.

NP: 건축가가 된 계기는 무엇인가?

KK: 내가 열 살이던 1964년, 도쿄는 첫 올림픽을 개최했다. 사업가이지만 디자인에 관심이 많으셨던 아버지는 단게 겐조가 설계한 경기장에 데려가 구경시켜주셨다. 아버지는 다른 현대식 건축물도 보여주셨지만 그중에서도 경기장은 매우 상징적이고 구조적으로 독특했다. 굉장한 충격을 받았는데, 아직도 천장에서 자연광이 쏟아지며 수영장에 내려앉던 광경이 생생히 기억난다. 마치 천국 같았다. 바로 그날, 건축가가 되기로 결심했다.

NP: 당신이 자란 집도 이러한 결정에 영향을 미쳤나? **KK:** 그렇다. 우리 집은 도쿄와 요코하마 사이에 있는 오쿠라야마라는 지역의 전통 주택이었다. 1960년대 오쿠라야마는 기차역과 상점 몇 곳 외에는 다 논인 마을이었다. 우리는 도쿄에서 의사로 일하시며 주말이면 농사짓기를 좋아하시던 할아버지가 지은 작은 목조 주택에서 살았다.

툇마루는 내가 집에서 가장 좋아하는 공간이었다. 나는 거기 앉아서 어머니를 기다리곤 했다. 겨울이면 툇마루 앞에서 모닥불을 피우고 재에 고구마를 굽기도 했다.

NP: 그러다 집을 불태우지 않을까 걱정되진 않았나? **KK:** (웃음) 전혀!

NP: 지금 살고 있는 집도 직접 설계한 건가? **KK:** 아니다. 역시 건축가인 아내 사토코가 설계했다. 내가 설계했다면 아내가 만족하지 못했을 거다. 지금 그 집에 20년째 살고 있는데, 나는 특히 우리 동네를 훤히 둘러볼 수 있는 큰 지붕 테라스를 좋아한다.

NP: 당신은 컬럼비아 대학교에서 공부하기 위해 뉴욕에 갔다. 유학 경험이 일본을 바라보는 시각을 어떻게 바꾸었는가? **KK:** 뉴욕에 가기 전에는 일본의 전통 건물과 정원에 관심이 없었다. 하지만 유학하면서 내 정체성과 배경에 의문을 품게 되었다. 내 아파트에

2020년 도쿄 하계 올림픽을 위한 쿠마의 목재 격자를 적용한 저층의 경기장 설계안은 미래지향적인 자하 하디드의 초안이 부정적 여론과 예산 초과의 이유로 백지화된 뒤 재선정된 것이다.

는 다다미 두 장짜리 매트와 다기가 있어서 미국 친구들과 함께 다도를 즐길 수 있었다. LA의 일본인 목수에게서 매트는 굉장히 비싼 값에 샀지만, 덕분에 내가 '일본인'임을 잊지 않을 수 있었다.

NP: 뉴욕에 있는 동안 첫 번째 책을 쓴 건가? **KK:** 그렇다. 1985년 일본 건축가에 대한 평론서 「주택론」을 썼다. 안도 다다오의 영향력이 크던 시기였다. 내 친구들과 동기들은 그의 디자인을 모방했는데, 나는 그 건물들이 미적으로 아름다웠지만 편안하게 느껴지지 않았다. 내가 만들고 싶은 건물이 아니었다. 건축가들은 디자인을 통해서만 자신의 미학을 보여줄 수 있다. 그래서 많은 신진 디자이너들이 이를 목표로 삼았다. 하지만 나는 이러한 미적 배타성을 비판하고 건축물을 사회를 향해 개방하고 싶었다. 이렇게 내 경력이 시작되었다. 지금 '점, 선, 면'을 뜻하는 「텐, 센, 멘」이라는 이론서를 쓰고 있다. 1930년대 바실리 칸딘스키의 바우하우스 강의록 「점, 선, 면」이라는 유명 저서에서 영감을 받은 것이다. 건축

을 공부하기 전인 고등학교 시절에 이 책을 읽고 구성이라는 개념을 다각도로 이해하게 되었다.

NP: 마음을 가다듬고 글쓰기에 집중하는 비결은? **KK:** 매일 건축 실무를 하는 과정에서 고객과의 의견차와 여러 문제로 좌절을 겪으면 저절로 글을 쓰고 싶다는 생각이 든다. 글을 쓰면서 그 스트레스에서 의미를 찾을 수 있다. 심리치료와 비슷한 효과인 셈이다. 때론 글쓰기는 마치 운동 경기하듯 내가 디자인하고 있는 것의 더 깊은 의미를 보여준다. 테니스할 때 거리를 두고 각각의 샷을 보다가 공이 오면 깊이 생각하지 않고 공을 쳐내듯, 글쓰기도 그러한 역할을 한다. 그러다 보면 그중 무언가는 내 디자인의 전환점이 된다.

NP: 여가 시간에 뭘 하며 지내나? **KK:** 나는 맛있는 걸 먹고 좋은 와인 마시는 걸 좋아하는데, 건축과 음식 모두 재료와의 소통이 중요하다는 점에서 이 역시 디자인과 관련됐다고 할 수 있다.

NP: 요리를 좋아하나? **KK:** 요리를 잘하진 못한다. 하지만 요리사 친구가

많아서 그들에게 많은 걸 배운다. 서양 요리는 맛이 중요하지만 일본 요리는 디자인을 중시한다. 좋은 재료를 사용해 간단한 기술로 복잡한 과정을 거치지 않고 만들어낸다. 중요한 건 조합과 비례이다. 내가 하는 일과 매우 비슷하다. 기둥 크기와 소재와 공간의 관계는 음식과 이를 담는 접시의 관계와 유사하다. 훌륭한 일본 요리사는 훌륭한 디자이너이기도 하다.

NP: 좋아하는 음식은? **KK:** 간단한 음식을 좋아한다. 여행하며 그 지역의 음식과 와인 먹어보는 걸 좋아한다. 그 지역을 이해하는 가장 쉬운 방법이기 때문이다. 음식을 통해 그곳의 본질을 찾으려 시도하는 것이다.

NP: 도쿄의 본질을 담고 있는 건 어떤 음식인가? **KK:** 도쿄는… 역에서 서서 먹는 타치쿠이 소바다. 싸지만 맛있다. 난 이런 경험을 좋아한다.

NP: 일본 문화에는 재료에 대한 독특한 감성 혹은 민감함이 있다고 생각하나? **KK:** 그렇다. 특히 사이즈에 대해서는 더욱. 우리는 설계 과정에서 모든 요소의 각을 생각한다. 이러한 특징은 사용자의 경험을 완전히 바꿀 수 있는데, 일본인들이라면 이런 점을 매우 잘 이해한다. 또한 우리는 재료의 시각적 '소음' 혹은 질감도 고려한다. 만약한 '소음'이 너무 크면 다른 건 전부 묻히고 만다. 하지만 '소음'이 잘 균형 잡히면 모두 공존할 수 있다. 우리 일본인들은 한 가지 재료만으로 살지 못한다. 다양한 의자가 뒤섞여 있는 이 회의실이 이러한 사고를 고스란히 보여준다. 전통 일본 가옥도 또 다른 예다. 공존의 숨겨진 법칙은 작음과 낮음이다. 다다미가 깔린 방에서는 모든 것이 낮고 작다. 일본의 오랜 도시에서 디자인과 규모가 제각각인 건물들이 조화를 이루는 건 모든 것이 낮기 때문이다. 작음 또한 새로운 올림픽 경기장의 나무판자로 덮인 파사드 디자인의 기초이다. 일본 가옥의 나무 기둥의 표준 사이즈에서 영감을 받은 것이다. 일상생활의 일부이자 향수를 부르는 특징이다. 사람들은 8만 석 규모의 경기장에서 작은 집에 있는 듯 느낄 것이다.

"뉴욕에 가기 전에는 일본의 전통 건물에 관심이 없었다."

2
Features

LA의 밴드와 음반사, 안정적 생활을 뒤로하고 코펜하겐으로 떠나와 솔로로 선 가수를 만나다.

Words by *Zaineb Al Hassani*, Photography by *Aiala Hernando* & Styling by *Kenneth Pihl Nissen*

"완두콩 공주처럼 보살핌을 받을 때마다 나는 좌절했다."

화요일 오후, 코펜하겐의 어둡고 연기 자욱한 술집에서 단골들이 이런저런 잡담을 나누고 있다. 아무도 털이 복실한 스웨터의 소매를 만지작거리며 이야기하는 구석 자리의 젊은 여자에게 관심을 기울이지 않는다.

코코 오는 나서지 않는다. 오히려, 덴마크의 싱어송라이터는 다소 수줍어 보이기까지 한다. 하지만 그녀의 멋진 목소리는 천부적이다. 그녀는 메이저 레이블과 일하던 LA 생활을 접고 코펜하겐으로 돌아와 무명 레이블에서 솔로 앨범 출시를 앞두고 있다.

10년 전, 코코 오는 작곡가 겸 프로듀서 로빈 한니발과 소울 팝 듀오 퀘드론을 결성했다. 동명의 데뷔 앨범의 성공으로 LA로 활동 무대를 옮기면서 코코는 미국 뮤지션들과 함께 작업하고 많은 유명 팬을 모았다. 코코는 동화 속 세상에 사는 기분이 들곤 했다고 말한다. 하지만 완전히 마법의 세상은 아니었다.

"나를 돕는 스태프들이 생겼어요. 몇 명인지도 모를 정도였죠. 하지만 완두콩 공주처럼 보살핌을 받을 때면 좌절감이 들었어요." 그녀는 한스 크리스티안 안데르센의 이야기를 언급하며 말했다. "다들 이렇게 말했어요. '네 일만 해. 나머지는 우리가 알아서 챙길 테니까.' 나는 정말 혼자서 모든 걸 한다는 게 뭔지 알고 싶었어요."

하지만 그녀는 "네 일"의 의미를 알아내기 힘들었다. 퀘드론의 두 앨범 (2009년 데뷔 앨범에 이어 2013년 발표한 두 번째 앨범 『Avalanche』) 사이 코코는 주목받는 순간을 즐겼다. 「위대한 개츠비」 사운드 트랙에 참여했고 영향력 있는 많은 사람들의 지지를 받았다. 래퍼 타일러 더 크리에이터는 "그녀는 실제 천사의 목소리"를 가졌다고 말하기도 했다.

퀘드론의 마지막 앨범을 낸 지 6년, 코펜하겐으로 돌아온 지 2년이 지난 지금, 서른한 살의 코코는 혼자서 해내는 법을 알아가는 중이다. 그 일부는 모든 것이 시작된, 자신이 자란 도시를 돌아본다는 의미이다. 뮤지션 아버지를 둔 코코는 (본명은 세실리 마야 에스트룹 카쇼호이이지만 어릴 적부터 코코라 불렸다.) 음악 장비에 둘

퀘드론은 『Avalanche』 앨범을 레코딩할 때 켄드릭 라마와 더불어 패럴 윌리엄스와도 협업했지만 결국 최종 트랙 리스트에서 곡을 지웠다.

Hair: Line Bille, Makeup: Stine Rasmussen

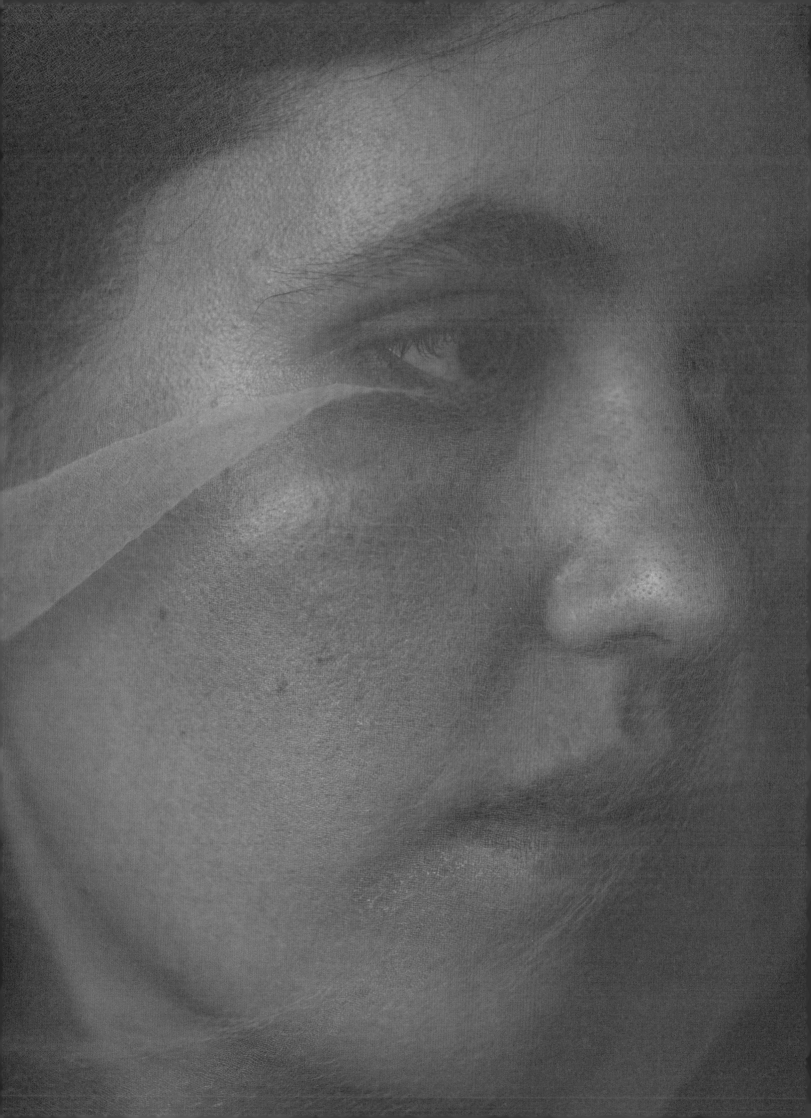

러싸인 어린 시절을 보냈다. 코코의 첫 공연은 여덟 살 혹은 아홉 살 때였다. 그녀는 초등학교 무대에 올라 빌 위더스의 「Ain't No Sunshine」의 한 구절을 불렀는데, 자신의 목소리가 공간을 가득 채우며 울릴 때의 짜릿함은 아직도 생생하다. 노래 부르는 것은 그녀에게 자연스러운 일이었다.

10대 시절 코코는 학생들이 학업에만 얽매이지 않고 여러 주제를 마음껏 탐색할 수 있는 덴마크의 기숙형 학교 애프터스콜레에서 1년간 음악을 공부했다. 그리고 얼마 뒤 지역 뮤지션들과 함께 재즈 세션에 참가하기 시작하면서 공연에 대한 충동이 커지자, 뮤지션, 프로듀서, DJ들로 구성된 붐 클랩 배챌러스에 합류했다. 여기에는 나중에 퀴드론 파트너가 되는 로빈 한니발도 있었다.

2008년 붐 클랩 배챌러스가 음악 제작을 중단하고, 퀴드론이 그 잿더미에서 등장했다. 코코는 그들의 데뷔 앨범은 70년대 소울 뮤직의 영향을 많이 받았다고 한다. "우리는 시대를 조금 앞섰죠. 아니, 늦었다고 해야 하나." 그녀가 웃었다.

하지만 사람들은 주목하고 있었다. 홍보 채널로 활용하던 마이스페이스를 통해 퀴드론의 음악이 캘리포니아 산타모니카 대학 캠퍼스에서 방송하는 KCRW 라디오 DJ 앤서니 발라데즈의 레이더에 포착된 것이다. 국제적인 명성을 얻는 첫걸음이었다. 앨범은 미국 전역에서 큰 인기를 얻었고, 그로부터 얼마 지나지 않아 인디 레이블인 플러그 리서치와 매니저가 그들에게 접촉해왔다. "(그가) '공항에서 당신들 음악을 듣고 눈물이 쏟아졌어. 진심으로 당신들과 일하고 싶어.' 이렇게 말했죠." 코코가 당시를 회상하며 미소 지었다. 자신들의 음악이 인정받지 못한다는 생각에 그만 두려 했던 듀오에게 이렇게 전환점이 찾아왔고, LA에서 첫 미국 공연을 확정지었다. 코코는 객석을 가득 채운 관객들 앞에서 공연을 하고 사인을 요청하는 팬들에게 둘러싸이는 것은 가슴 벅찬 경험이었다고 말한다.

2011년, 이 밴드는 엄청난 인기를 뒤로하고 에픽 레코드로 이적하고 LA로 무대를 옮겼다. 코코는 화려한 음악 산업의 좋은 면을 경험했다. 프린스가 주최하는 파티를 비롯해 많은 파티에 참석했고 지미 이오빈 같은 전설적인 프로듀서를 만나기도 했다. 코코는 제이 지에게 「위대한 개츠비」 사운드트랙의 「Where The Wind Blows」를 부를 가수로 발탁되기도 했다. 하지만 사람들의 생각만큼 멋지진 않았다고 그녀는 말한다. "「위대한 개츠비」 시사회에 가는 건 정말 즐거웠어요. 짜릿한 순간이었죠. 하지만 그것 말고는⋯ 실제보다 더 그럴듯하게 포장됐을 뿐이에요."

그보다 래퍼이자 작곡가, 프로듀서인 켄드릭 라마와의 협업이 더 의미 있었다고 그녀는 덧붙인다. 그는 붐 클랩 배철러스를 발견한 뒤 퀴드론을 자신의 스튜디오에 초대했다. 이를 계기로 『Avalanche』 앨범에 라마가 피처링하기도 했다. 많은 찬사를 받으며 발표된 이 앨범은 퀴드론의 마지막 앨범이기도 하다.

밴드가 시작된 방식과 멤버들의 궤적으로 미루어봤을 때 이러한 결말은 피할 수 없는 것이었다고 코코는 말한다. "나는 음악을 시작하며 '로빈과 이 밴드를 영원히 함께 할 거야.' 라는 식의 마스터플랜을 세우진 않았어요." 그녀가 짐을 싸며 주말에 전화로 말했다. "그보다는 '어떻게 흘러가는지 보자.'는 식이었고, 우린 꽤 잘해냈다고 생각해요."

코코가 말하길 한니발은 밴드 활동이나 인터뷰, 사진 촬영 같은 일보다 프로듀서로 작업하는 걸 더 좋아했다. 또한 그는 라이브 공연도 좋아하지 않았는데, 이는 곧 대부분의 투어에서 코코 혼자 공연했다는 의미이기도 하다. 그녀는 어느 순간 그들의 관계에 균열이 생기며 감정이 격렬해졌다고 회상한다.

몇 년 동안 그녀를 따라다닌 감정이었다. LA로 삶의 거점을 옮긴 결과이자 메이저 음반사와의 계약에 따른 책임감에서 비롯된 것이었다. 코코는 자신이 결국 솔로로 나서게 되리라는 걸 알고 있었다. 단지 시기가 문제였다. "인생은 예측할 수 없죠. 그래서 다른 사람과 무관한 독립된 개체로서 자신이 누구인지 알지 못한다면 어느 순간 망하게 됩니다. 그러니 스스로 자신의 정체성을 파악해야 합니다."

해체 후 한니발은 밴드 라이를 결성해 활동을 이어갔고 코코는 솔로 제안을 받았다. 하지만 적절한 시기나 장소가 아니라는 생각이 들었다. 그들의 밴드는 끝날 예정이었지만, 해체에 이어 당시 그녀가 내린 결정은 현재의 그녀가 내릴 결정과 다를 수도 있다고 그녀가 말한다. 코코는 새롭게 출발하기 위해 "모두와 모든 것"을 놓아 버리는 다소 고집스럽고 약간은 비현실적인 결정을 내렸다. "모두가 댄스곡을 만들

"우리는 시대를 조금 앞섰죠. 아니, 늦었다고 해야 하나."

"코코의 노래는 강렬하지만 공격적이진 않다. 그녀는 화가 났을 때조차 상냥하다." 「뉴욕 타임스」는 코코의 목소리를 이렇게 표현했다.

"2013년, 코코는 에리카 바두와 함께 타일러 더 크리에이터의 「Treehome95」에 피처링했다."

"나는 라디오에서 나오는 대부분의 음악을 좋아하지도 않는데, 즐기지도 않는 것들과
경쟁하려 하다니 이상하잖아요."

수 있지도 않고, 지금 스튜디오에 있는 모든 이들이 1위를 하려 할 때 왜 내가 이런 곡들과 경쟁해야 하나 생각이 들었어요. 나는 라디오에서 나오는 대부분의 음악을 좋아하지도 않는데, 즐기지도 않는 것들과 경쟁하려 하다니 이상하잖아요."

새로운 마스터플랜을 세우면서 코코의 삶은 변했다. 그녀는 LA에 머물며 곡 작업을 계속했다. 하지만 이내 자신이 쿼드론과 만들어낸 사운드와 파트너십을 복제하려 한다는 사실을 깨달았다. 또한 아파트 구하기도 힘들고 물가 비싼 도시에서 사는 것도 녹록지 않았다.

그때 집에서 전화가 왔다. 한 친구가 코펜하겐에서 좋은 가격으로 아파트를 세놓고 있다는 것이었다. "봄이었고, '에라 모르겠다, 덴마크에 가서 돈도 좀 모으고 귀향한 기분도 만끽하자.' 이런 생각을 한 거죠." 그녀가 말했다.

이건 옳은 선택이었다. "진주처럼 아름다운 곳으로 돌아가 지내는데 마음이 편해졌어요. 목가적인 크리스티안스하븐에서요. 나는 이 멋진 여름을 보내며 인생의 사랑을 만났어요. 모든 게 잘 풀리고 있었죠." 쿼드론 해체에서 귀향에 이르는 동안 코코는 계속 곡을 썼다. 그리고 새로운 관계가 끝나자 그녀는 마음의 상처를 투 트랙 EP 앨범 『Dolceaqua』로 승화시켜, 작년에 발표했다.

"비극은 여러 모습으로 다가온다." 코코는 5월, 앨범 발매와 발맞춰 페이스북에 글을 올렸다. "올겨울, 나의 비극은 중년 남성의 모습이었다. 때론 정말 힘들고 아픈 일이 좋은 결과가 되기도 한다. 그가 내게 준 선물이 이 노래를 쓰는 데 영감을 주었으니 말이다." EP 중 「Bled for You」에서 그 고통이 또렷이 드러나지만, 그녀의 음악이 자신과 그 노래를 듣는 이들에게 미친 영향은 모든 것에 목적의식을 주었다는

점이다. 그녀는 계속 짐을 꾸리며 전날 밤의 공연과 전혀 새로운 소재를 어떻게 다루었는지 통화를 이어갔다. "그때를 돌아보면 어떤 감정이었는지 생생히 기억납니다. 그에게 느낀 감정과 그 여파까지 모두."

그해 말, 「Dolceaqua」에 이어 「1000Times」, 「Know It」 두 곡의 싱글이 발표됐다. EP보다 다소 업비트지만 뚜렷한 스타일이 보인다. 잊히지 않을 만큼 아름답지만 단순한 코코의 목소리는 샤데이와 흡사하다. 그녀는 흔쾌히 이러한 비교를 받아들인다. "샤데이는 내가 가장 좋아하는 가수 중 하나입니다. 그녀의 목소리는 굉장히 부드러우면서도 감성이 풍부하죠." 이들은 기술적 훈련이 부족하지만 뛰어난 음감을 지니고 있다는 공통점도 있다.

코코는 올해 정규 앨범을 제작할 계획이다. 이는 자신과의 약속이자 콘서트 이후 얻은 깨달음에 한층 가까워지는 계획이다. 하지만 고군분투하며 창작에 열중하는 뮤지션에게 이는 큰 도전이기도 하다. "수도 없이 이랬다저랬다 하느라 6년쯤 보낸 뒤 눈을 떠서는 '뭐야! 왜 이미 만들어놓은 첫 앨범을 내놓지 않았지?!' 할 것 같아서 말이죠."

분명한 목표를 세웠으니 코코는 세월이 흐르며 자신의 욕망이 바뀌었다고 말할까? 그녀는 여전히 "크고 웅장한 것"을 열망하지만, 업계의 다른 쪽, 즉 비즈니스적인 면과 팝 음악이 만들어지는 냉소적인 방식이 그녀의 장기 계획에 영향을 미쳤다고 말한다.

"어릴 때는 굉장한 사람이 되고 싶었어요." 코코가 웃음을 그치고 말했다. "이제는 내가 만들고 싶은 음악의 현실적 범주 안에서 대단해지고 싶어요."

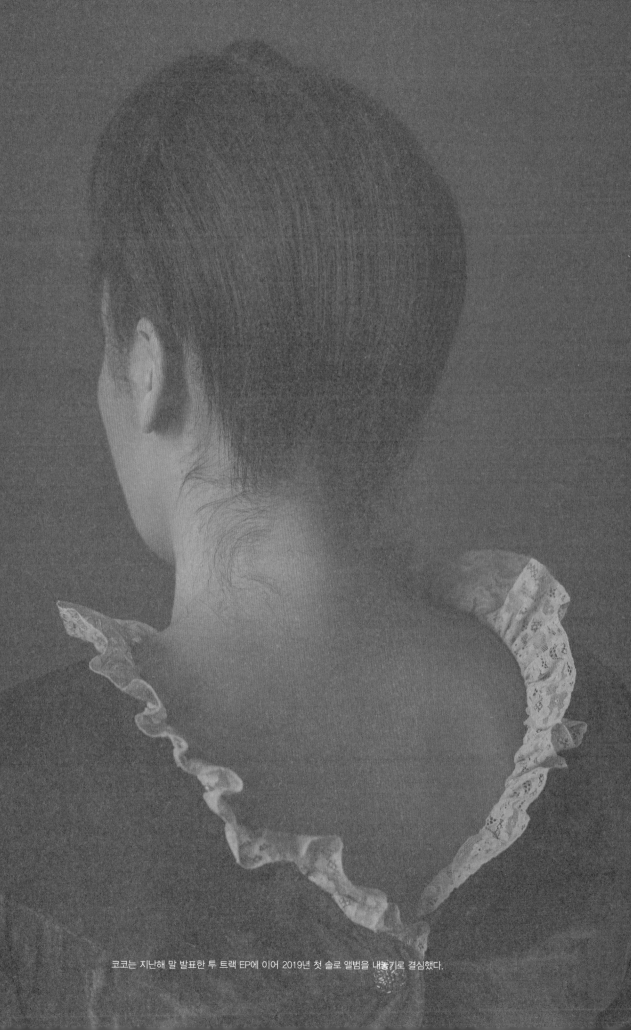

코코는 지난해 말 발표한 투 트랙 EP에 이어 2019년 첫 솔로 앨범을 내놓기로 결심했다.

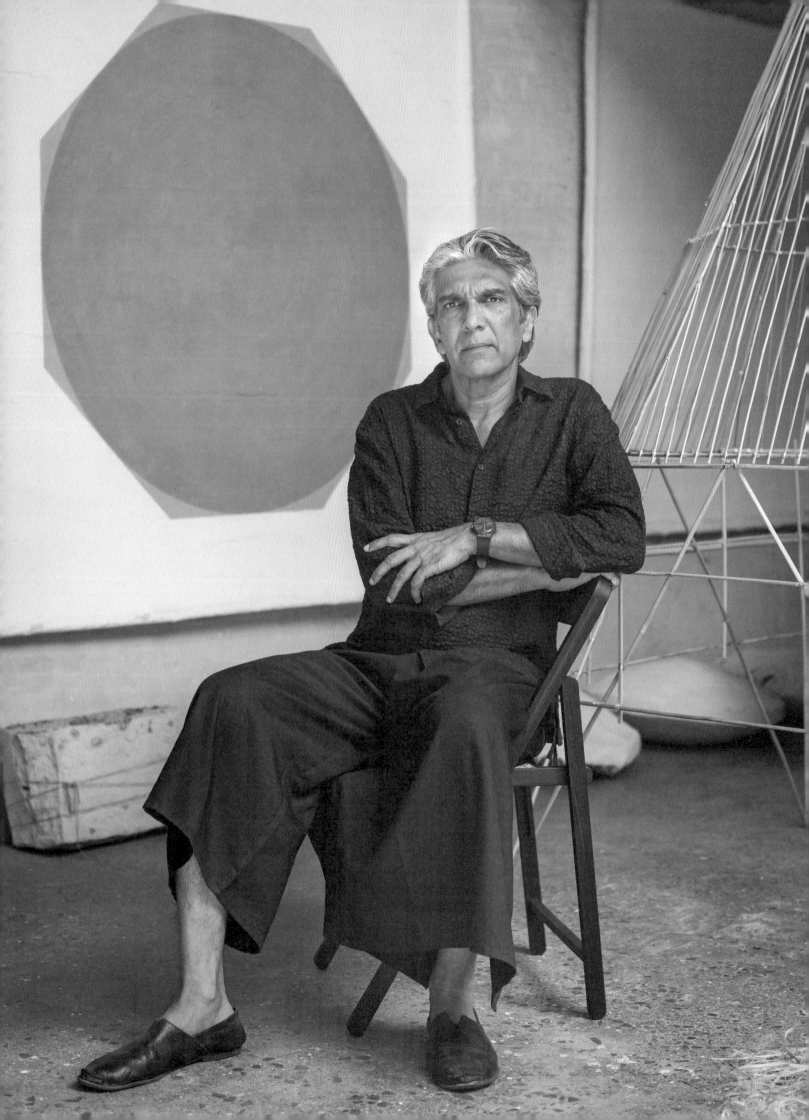

At Work With:
Bijoy Jain

일터에서: 비조이 자인

〈스튜디오 뭄바이〉의 철학적 건축가가 아닌디타 고세에게 자신의 독특한 (그리고 상을 받은) 스타일을 전파하다.
Photography by *Alexander Wolfe*

"건물은 움직이지 않지만, 그렇다고 해서 움직일 능력이 없다는 뜻은 아니다."

〈스튜디오 뭄바이〉의 건축가 겸 설립자인 비조이 자인이 일하는 일요일, 우리는 뭄바이 중심가에 위치한 스튜디오 겸 집인 복합 건물에서 그를 만났다. 과거 담배 창고였던 이곳은 주변 다른 지역처럼 이 도시의 산업화 흔적이 남아 있다. 녹슨 판금 대문으로 풍성한 잎과 안으로 들어오는 빛의 흔적이 가려지지만 말이다.

제인의 스튜디오는 천연 자재와 전통 건축양식을 강조한 대규모 주거 단지 프로젝트로 자국에서 엄청난 찬사를 받았다.

베니스, 런던, 멜버른 등 여러 도시에서 열린 비엔날레와 전시회에서 성공적인 쇼케이스를 치른 뒤 빛과 공기, 물을 존중하는 이 건축가를 찾는 전 세계의 클라이언트들이 늘어나고 있다. 그가 새로운 포도원 프로젝트를 맡아 프랑스 남부로 떠나기 전, (강아지 추코와 함께) 햇빛이 쏟아지는 그의 스튜디오 뜰에 앉아 60년대의 영향, 기량의 진화, 수영에 대해 이야기 나눈다.

AG: 당신은 건축은 인간다움의 의미를 물리적이고 물질적으로 구현하는 것이라고 말했다. 오늘날 우리 주변의 건물에서 어떠한 인간적 면모를 찾아낼 수 있을까? BJ: 인간의 몸은 호흡하지만, 우리가 주변에서 보는 대부분의 것들은 호흡하지 않는 단순한 용기container에 불과하다. 원래 우리는 숨 쉬는 공간에서 나왔는데 말이다. 내 목표는 이를 되찾는 것이다. 건물은 움직이지 않지만, 그렇다고 해서 움직일 능력이 없다는 뜻은 아니다. 재료를 활용하면 된다. 즉, 빛이 움직이고 물이 들어오는 방식을 통해 건물에 움직임을 주는 것이다.

AG: 최근까지의 당신 포트폴리오는 굉장히 지역색이 강하고 구체적이었다. 요즘 해외에서 건축 프로젝트를 진행할 때 당신의 철학을 어떻게 전달하나? BJ: 겨울철 해외여행을 떠날 때 여기에 맞게 옷을 입지 않나. 이런 식으로 행동하면 그 지역 풍경과 협상할 수 있다. 인간은 기후에 적응할 수 있다. 그건 내가 인도, 유럽, 혹은 팀북투에 살든 상관없이 보이는 근본적인 현상이다.

AG: 확고한 미의식을 유지해야 한다는 부담감은 없나? BJ: 그렇다면 편견을 갖게 된다.

AG: 그래도 〈스튜디오 뭄바이〉의 프로젝트를 관통하는 공통된 맥락은 있지 않나? BJ: 건축 학교에서 첫 과제를 하며, 어린 시절 놀던 물탱크를 떠올렸다. 그 후로 물은 어떤 식으로든 항상 내 작업의 중심이 되었다. 실제로 있든 없든 상관없다. 바로 그 지점에서 성장이 일어난다. 물이 있는 곳에 공기가 있고, 빛이 있다. 하늘의 색은 물에 반사된 빛에 기초한다. 그것이 우리의 위상이며, 내게는 보편적인 연결 방식이다. 어쩌면 내가 수영 선수였기 때문일지도 모르겠다.

AG: 당신은 인도를 대표해 수영했다. 영국 해협도 수영으로 횡단하지 않았나! 이런 경험이 자기 수양에 영향을 미쳤나? **BJ:** 둘 다 똑같이 힘들다. 운이 좋게도 나는 그런 경험을 한 덕분에 이 직업에 종사할 수 있었다. 매일 실제 시험과 똑같이 연습해야 하기 때문이다.

AG: 당신의 작업은 스토리를 담고 있다. 섬유 디자이너 마키 치아키를 위해 지은 강가〈마키 텍스타일 스튜디오〉가 대표적인데, 그녀가 쪽빛 염색한 직물과 같은 방식으로 건물을 지어달라고 요구했다는 글을 읽은 적 있다. **BJ:** 우리는 프랑스 남부 와이너리와도 일하고 있는데, 클라이언트에게 그들이 와인을 만드는 방식과 똑같이 테루아에 집중해 그 프로젝트를 진행하겠다고 약속했다. 와인이 본연의 매력을 발휘하기 위해선 시간이 필요하다. 따라서 건물에도 똑같은 특징을 담을 것이다. 시간이 흐르며 진화하고 발전되는. 나는 건물이 주제를 모방하는 개입의 현상학에 매료되어 있다.

건물의 물리적 질량이 인간과 별개로 그 자체의 메커니즘을 가질 수 있는지 알아보는 데도 관심이 있다. 만약 어떤 이유에서든, 인류가 전멸되는 전쟁이 일어난다면 이 건축물들이 생명을 재건하는 데 필요한 무엇을 제공할까? 아마도 공식적인 물 공급원일 것이다. 뭄바이에서 모든 마을이 수원을 중심으로 건설된 걸 보면 말이다.

AG: 2012년 제프리 바와 기념 강좌에서 강의하기 전, 스리랑카의 거장 건축가 바와를 만났을 때 이야기를 했다. 건물을 내부에서 외부로 접근하는 방식은 "나와 풍경 사이에는 너무 많은 건축물이 있다."는 바와의 말에서 얼마나 영향을 받았나? **BJ:** 건축의 의미에 대한 개념을 되짚어보는 건 몹시 가슴 아픈 순간이었다. 나는 갓 대학을 졸업하고 친구들과 스리랑카를 여행하고 있었지만, 그를 만나게 될 것 같았다. 나는 그의 말이 문지방이 시작되는 순간에 대한 개념이라고 생각한다. 그러면 문지방은 어디일까? **AG:** 집이 끝나고 세상이 시작되는 곳? **BJ:** 아니면 자연 속의 인간이라는 관념이 지배되는 곳. 그리고 인간 속의 자연이라는 관념도. 그 사이에는 평형을 이루는 지점이 있고, 나는 그가 바로 이 지점을 언급했다고 생각한다. 즉,

자인은 예술 분야에서도 활동한다. 소똥, 석회반죽, 현무암, 재, 점토, 바나나 섬유 등 자신이 건축할 때 사용하는 것과 비슷한 재료를 사용해 그는 2018년 12월 뭄바이의 케몰드 프레스콧 로드 갤러리에서 두 번째 단독 전시회를 열었다.

지난 16년간, 〈스튜디오 뭄바이〉는 영국 아티스트 뮤린 케이트 디닌과 협업해 천연색소만으로 자신들의 프로젝트에 특화된 색상을 만들어냈다.

자유 공간을 찾으라는 것이다.

AG: 당신은 자신을 60년대 아이라고 부른다. 청바지와 짐 모리슨으로 상징되는 시대 말이다. 흥미롭게도 그 시대는 모더니즘 건축에 있어서 중요한 10년이기도 했다. **BJ:** 나는 60년대에 태어났다. 혁명이 일어나고 갓 전쟁에서 벗어난 시기였다. 문화적 변화가 일어나고 있었다. 모든 것이 충돌하고 합쳐졌다. 인도에서는 아치 코믹스와 아마르 치트라 카타 만화 시리즈가 유행이었다. 인도 전통 음악과 딥 퍼플도 공존했다. 모더니즘이 번창하며 전 세계 각지에서 사람들이 유입됐다. 르 코르뷔지에가 찬디가르에서 작업을 마쳤고, 루이스 칸은 방글라데시 국회의사당을 지었다. 전 세계적으로 식민지 문화가 서서히 붕괴되고 있었다. 기회의 시대였다. 나는 이걸 충돌이라고 부르고 싶지 않다.

AG: 그러면 당신의 작품이 현대 모더니즘과 토속성을 이어주는 가교 역할을 한다는 인식이 마음에 드나? **BJ:** 그런 평가에는 조금도 관심 없다. 나는 현대성이 왜곡되었다고 생각한다. 현대성이 유지된다는 것이 무엇을 의미하는가? 나는 도그마를 벗어나 이러한 개념을 바라본다. 그래서 모더니즘이 토속성과 결합한다는 사고는 잘못되었다고 생각한다. 어쨌거나 둘 다 궁극적 목표는 똑같기 때문이다.

AG: 당신은 멘드리시오에 있는 스위스 건축 학교에서 학생들을 가르친다. 자신만의 지속 가능한 연습 방법을 찾으려는 학생들에게 조언을 해준다면? **BJ:** 가장 바람직한 방법은 어떤 식으로 참여하고 싶은지 생각해보는 데서 출발하는 것이다. 풍경에 어떻게 거주할지도. 풍경의 방정식이 고갈되는 것이 아닌 풍성해지는 방향으로 작용하도록 무엇을 할 수 있을까? 이전 시대의 사람들은 우리가 관찰할 수 있는 많은 유적을 남기지 않았나. 인도의 아잔타와 엘로라며, 페트라며, 이집트나 일본에도 있다. 우리는 모든 걸 되돌아봐야 한다. 그것이 바로 건축의 역사이다.

AG: 당신에게 꿈의 프로젝트는 무엇인가? **BJ:** 학교도 짓고 싶고, 동물보호소나 노인들이 치료받을 수 있는 요양원도 짓고 싶다. 어쩌면 이 모든 게 한 공간에 있을 수도 있다. 간디는 국가의 수준은 동식물, 그리고 노인들을 보살피는 방식을 통해 드러난다고 하지 않았던가.

"나는 현대성이 왜곡되었다고 생각한다."

일본의 〈스튜디오 뭄바이〉
by John Clifford Burns

최근 자인은 인도 밖의 첫 프로젝트에 착수했다.
지난해 말 일본의 항구 도시 오노미치에 문을 연
LOG Lantern Onomichi Garden는 〈스튜디오 뭄바이〉
가 호텔과 커뮤니티 공간으로 개조해달라고 의뢰
받은 1960년대 아파트 단지이다. 자인은 여섯 개
객실에 일본 전통 화지를 풍부하게 사용하는 식으
로 자연 재료를 활용해 자신의 시그니처 스타일인
공예풍 인테리어를 만들었다. 카페나 갤러리, 상점
(자인이 디자인한 가구도 있다) 같은 공간에서 도
시 거주자들은 지역 역사와 문화에 관한 워크숍
을 할 수도 있다.

자신이 건설하고 있는 땅에 대한 자인의 존중은 때때로 프로젝트에 기계적 도구를 사용하지 않는 것으로 표현되기도 한다.

Summer

프랑스의 보트. 조용한 만. 바람의 방향이 바뀔 때까지 계속되는 항해.

At Sea

바다에서의 여름

Photography by Luc Braquet & Styling by Camille-Joséphine Teisseire

위: 스테파니가 입은 수영복은 〈모건 레인〉, 수영모자는 〈에레스〉. 오른쪽: 줄리언이 입은 바지는 〈에르메스〉,
스테파니의 수영복은 〈에르메스〉 헤드밴드는 〈메종 미셸〉.

줄리언의 스위밍 트렁크는 〈풀인〉. 뒷면: 줄리언이 입은 티셔츠와 쇼츠는 〈에르메스〉.

왼쪽: 줄리언이 걸친 브르통 탑은 〈프티 바토〉, 쇼츠와 벨트는 〈랄프 로렌〉. 위: 스테파니의 바지는 〈스포트막스〉, 블라우스는 〈로샤스〉, 모자는 〈로랑스 브시옹〉.

아래: 스테파니와 드레스는 〈산드로〉, 벨트는 〈스포트막스〉. 오른쪽: 줄리언의 셔츠는 〈랄프 로렌〉, 쇼츠는 〈에르메스〉, 그리고 〈에르메스〉의 쌍안경을 걸었다.

위: 줄리언은 〈에르메스〉의 타월을 두르고 있다. 오른쪽: 스테파니의 드레스는 〈로샤스〉, 스카프와 가죽 샌들은 〈에르메스〉.

Home Tour:
Todoroki House

홈 투어 : 토도로키 하우스

알렉스 앤더슨이 도쿄 도심에서 사회적 개방성과
가족의 사생활 보호라는 두 가지 전통을 보존하기 위해 설계된
두 집을 탐방한다.

타네는 프로젝트에서 "장소의 기억"이라고
부르는 요소를 늘 강조한다.
일단 부지가 결정되면 건축 프로젝트의
장소가 변경되어선 안 된다고 주장한다.

도쿄 토도로키 공원의 깊은 계곡에서 습한 공기가 차오른다. 양치식물은 그늘에 퍼져 한줄기 햇빛을 잡고 있다. 고요히 물이 흐르고, 저 높은 나무의 잎들은 뜨거운 여름 바람에 말라 바스락거린다. 건축가 타네 츠요시는 이러한 순간을 토대로 습윤 상태의 집 위에 건조 상태의 집을 올려 한 지붕 두 채로 새 집을 짓는다는 특이한 아이디어가 잉태되었다고 설명한다. 바로 지난해 완공된 토도로키 하우스이다.

파리의 아틀리에에서 타네와 그의 팀은 자신들의 비전에 맞는 주택 스타일을 서치했다. "우리는 습하고 건조한 기후에 적합한 주택이 그토록 다양하다는 사실에 놀라는 한편 큰 흥미를 느꼈다." 그가 회상했다. 그들은 초기 콘셉트를 잡으며 단순한 작업을 했다. 고온건조한 기후의 가옥 사진을 고온다습한 기후의 가옥 위에 붙여보는 것이다. 같은 작업을 수십 번 반복하다 보니 어울리지 않던 조합도 조화로워 보이기 시작했다. 그 집의 의뢰인이자 조경 디자이너인 사이토 타이치는 이 프로젝트가 "필연적"이었다고 설명하는데, 이는 곧 고고학의 관점에서 생각하면 자연히 따라 나오는 것이다. 우선, 타네는 기후에 대한 건축적인 일차 반응을 고려한 다음, 그늘진 북쪽 저지대와 건조하고 보다 노출된 남쪽의 특징이 모두 보이는 컴팩트한 부지에서 자연의 질서를 관찰했다.

타네의 프로젝트는 고고학 연구 절차를 따랐다. 그는 각 부지에 깊이 묻힌 추억을 발굴해 새로운 방향을 제시한다. 이러한 접근 방식은 2005년 그와 〈Dorell Ghotmeh Tane〉의 파트너들이 따낸 에스토니아 국립 박물관 공모에서 확고히 형성되었다. 2016년 세계적인 찬사를 받으며 문을 연 이 박물관에서는 소련 점령기의 불행한 기억을 극복하는 것이 곧 에스토니아의 새로운 궤적을 건설하는 것이라고 생각했다. 타네의 지적 사고 과정은 지난해 말 도쿄에서 문을 연 그의 작품의 주요 전시 방향을 통해 드러난다. 그중 하나인 「미래의 고고학-발굴과 건설」은 아틀리에의 견해를 단적으로 보여준다. 재생된 건축 자재 조각 위에 붙은 수많은 이미지와 모형들이 과거에 영감받은 작업임을 입증한다.

하지만 타네의 목적은 과거의 재현이 아닌, 고고학적 탐구와 오늘날 현실을 반영한 디자인을 결합하는 데 있다. 토도로키 프로젝트에서 이러한 시도가 얼마나 힘든지 증명되었다. 처음엔 빡빡한 도시 분위기와 엄격한 도쿄의 법규로 곤란

을 겪었으며 그들의 디자인은 불만족스러운 보편적 주택이라고 공격받았다고 타네는 회상한다. 몇 년 전 그가 일본에서 또 다른 주택을 설계하며 얻은 깨달음을 증폭시키는 경험이었다. 점차 표준화되어가는 집에서 사람들은 "지구와의 연결 고리를 놓치고" 일본의 이마와 네마, 즉 공적인 거실과 사적인 침실 사이의 중요한 균형감을 잃어가고 있다는 사실이다. "근대화가 진행되지 않았다면?" 타네는 생각에 잠겼다. "일본에서 집은 어떻게 변했을까?" 그 규모를 생각해보면 타네가 태어난 도쿄는 더욱 걱정스러워진다. 새로운 집은 어떻게 일본인의 삶 속에 지속되어온 가족 간의 개방성과 도시에서의 조용한 사생활을 동시에 제공할 수 있을까?

토도로키 하우스는 다소 불규칙한 8면으로 이루어진 두 부분으로 구성되었다. 아래의 지상 생활 공간은 북쪽 정원을 향해 확장된다. 위로 올라가 이웃집 나무들이 드리운 나뭇잎 사이로 들어가면 잠자는 공간이 나온다. 배경의 풍경을 정원의 일부로 포함하는 전통적인 조원법, 차경しゃっけい을 적용한 것이라고 사이토가 설명한다. 나무 문이 남쪽을 향한 작은 출입구로부터 집 안으로 열리고, 화분이 놓여 있는 낮은 돌계단이 문 밖으로 뻗어 나와 자갈이 깔린 마당에서 뚝 끊긴다. 위층 캔틸레버한 끝이 고정되고 다른 쪽은 받쳐지지 않은 상태의 들보의 일부가 조심스럽게 입구와 거친 벽 위로 그림자를 드리우고, 산책로 위 정원 테라스의 식물은 미풍에 조용히 흔들리고 있다. 거친 바위 더미가 문으로부터 북쪽 정원의 짙은 그늘을 향해 아래로 쏟아져 있다. 사이토는 안뜰과 정원을 설계하면서 "역동적인 와비사비"를 표현하고 싶었다고 설명한다. 와비사비는 덧없고 불완전한 아름다움을 뜻하는 일본의 미의식이다.

이 구조의 섬세함은 놓치기 쉽다. 예를 들어, 문에 덧입힌 삼나무의 모서리는 캔틸레버의 불규칙한 각도를 따르기 때문에 조금씩 다르다. 목공예는 정교하지만 다양한 변주는 노골적으로 드러나지 않는다. 타네는 목수의 솜씨를 초밥 달인의 솜씨에 비유한다. 아래층의 거친 벽은 또 다른 공예품이다. 토대를 세우기 위해 파낸 토양으로 만들어졌는데, 색감과 질감이 안뜰의 돌과 자갈을 보완한다. 안에는 입구 너머의 현관이 낮고 어두운 메자닌건물 사이의 중간층의 역할을 하며 생활공간과 습한 응달의 양치식물, 팔메토, 극락조화를 향해 난 넓은 창을 내려다

본다. 사이토는 전 세계에서 고른 60종 이상의 식물을 정원에 심어 항상 나뭇잎이 무성하고 "사계절 내내 꽃과 열매"가 있게 했다. 이웃집과 붙어 있고 유리창이 크지만 평온한 사생활이 보장되기도 한다. 계단을 내려가면 독서, 대화, 요리, 식사 공간을 한데 엮은 햇살이 아롱이는 생활공간이 나온다. 튼튼한 중세풍 목조 가구는 공간에 따뜻함을 더한다. 지상층 아래 방의 낮은 지평선이 정원 식물의 뿌리와 줄기로 뻗어간다. 외부에서 들어온 거친 벽은 식탁을 놓을 깊은 공간을 마련하고, 그 너머에는 피난처 같은 작은 서재가 있다. 타네는 이 무겁고 지면에서 연결된 벽이 습기를 흡수하고 열기를 유지하여 내부에 편안함을 더한다고 설명한다. 여름에는 열린 창을 통해 바람이 속삭이며 공간을 시원하게 하고 겨울에는 벽과 달궈진 돌바닥으로부터 위층의 생활공간으로 온기가 전달된다.

개방형 계단은 놀랄 만큼 밝은 위층 침실 공간으로 올라가 안방 침실의 목재 모자이크 마루에 착륙한다. 여기서도 정교한 목공예는 겉치레에 연연하지 않고 8각 바닥에 약간의 부정확성을 받아들인다. 낮은 떡갈나무 벽과 책장이 계단과 침대를 나누고, 침실 천장에 곡선으로 달린 커튼 레일은 타네가 "부드러운 경계"라고 부르는데 울타리 역할도 해준다. 침대 주변에는 여덟 개의 틈새가 배열되어 있다. 한쪽에는 페리앙의 사이드보드와 시계, 몬스테라 필로덴드론 화분이 놓여 있고, 다른 쪽에는 러쉬 독서 의자, 세 번째 면의 창틀에는 화분이 놓여 있다. 이 각각의 틈새에서 커다란 창문이 열리면 집의 기하학적 구조가 바뀌며 바깥의 나무 캐노피의 다른 면을 보여준다. 침대와 계단 뒤의 유리벽을 통해 세 개의 틈새에는 욕조와 샤워기가 있고, 이곳에서도 풍경은 무성한 식물을 지나 흔들리는 나뭇가지로 이어진다. 빌트인 장식장이 일곱 번째 틈새에 놓여 있고, 아름답게 다듬어진 떡갈나무 계단이 여덟 번째 틈새에서 위층의 더 많은 침실로 올라간다.

맨 위층에는 육각형 방이 하나 있다. 방의 부드러운 경계는 성장하는 가족을 위해 여러 개의 잠자리를 마련해준다. 창으로 토도로키 공원의 캐노피 위, 경사진 옥상을 넘어 멀리 고층빌딩까지 내다보인다. 문은 아래층 입구 안뜰 위의 식물이 무성한 작은 옥상 정원으로 연결된다. 이 집은 "바람과 아름답게 공존한다."는 사이토의 말이 절감되는 부분이다. 건조한 바람이 불어와 부드럽게 나뭇잎 흔드는 소리와 함께 거의 잊었던 도시 너머의 소음도 조용히 들려온다.

타네가 에스토니아 국립 박물관 공동 설계라는 중요한 프로젝트를 처음으로 따냈을 때 그는 겨우 스물여섯 살이었다.

토도로키 계곡은 도쿄 중심부에서 멀리 떨어진 별천지인데, 평온한 정글 같다.

이 집은 바닥부터 천장까지 창문으로 이어져 계곡의 유명한 열대식물과 연결된 느낌을 주도록 설계되었다.

Le Chat Chic

멋진 고양이

안녕, 예쁜이들! 언제나 멋지게 착지하는 파리 최고의 멋쟁이 야옹이, 소크라테와 스튜디오에서 함께 해요.
Photography by *Luc Braquet* & Styling by *Tania Rat-Patron*

이전 페이지: 소크라테의 액세서리는 〈디올〉 팔찌. 왼쪽: 그는 조심스레 〈에르메스〉 실크 스카프를 바람에 날린다.

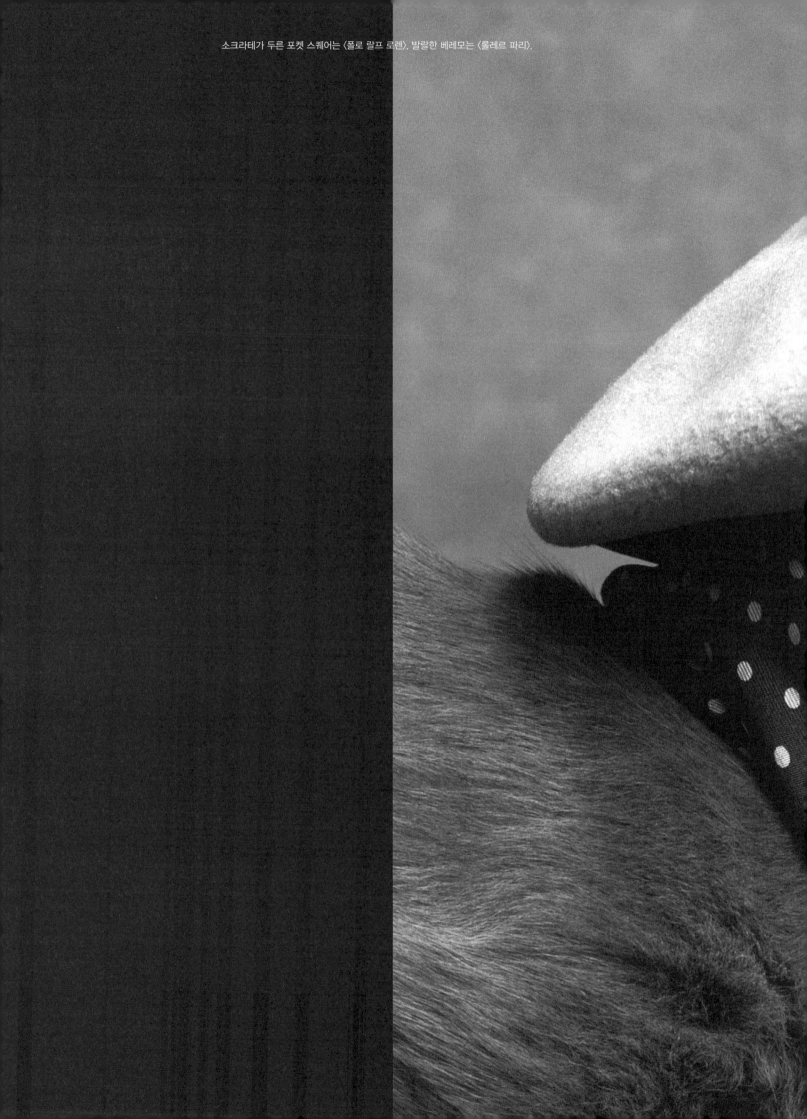

소크라테가 두른 포켓 스퀘어는 〈폴로 랄프 로렌〉. 발랄한 베레모는 〈롤레르 파리〉.

〈도메스티크 파리〉의 지갑을 보며 생각에 잠긴 소크라테. 자신의 모피 코트를 입고 있다.

THE INVENTION OF CHILDHOOD

유년기의 발명

TEXT:
KATIE CALAUTTI

어리다는 건 무슨 의미일까? 농경 사회에서는 아기가 걸음마를 시작할 때까지 이름을 짓지 않았고, 중세의 예술가들은 어린이를 작은 어른으로 그렸다. (그릴 일이 있다면 말이다.) 빅토리아 시대 사람들은 아이들을 탄광에서 일하게 했다. 케이티 칼로티가 역사 논문과 아동 도서, 미스터 로저스의 도움을 받아 "아이들은 아이들일 뿐이다."는 말이 수세기 동안 다른 의미로 사용된 이유를 설명한다.

최근 몇 년간, "집중 양육"은 타이거 맘과 헬리콥터 대대를 대체하며 양육 트렌드의 대세가 되었다. 집중 양육은 단순히 완벽한 학업 성취도를 요구하고 아이 주변을 맴돌며 위험 요소를 없애는 것이 아닌, 아이들의 과외 활동을 꼼꼼하게 계획하고 아이들과 함께 놀면서 그들의 시시콜콜한 생각까지 전부 이야기하도록 격려하는 것이다. 즉, 부모가 교수, 개인비서, 놀이친구, 치료사, 엄격한 선생의 역할을 한다는 개념이다. 이러한 접근 방식이 어린아이들에게 평탄한 성공의 길을 열어준다고 생각하는 이들도 있지만, 아이들의 자립심을 뺏는 결과를 초래한다고 주장하는 이들도 있다.

전문가들은 유년기의 조기교육과 태어나자마자 어린 생명에게 가해지는 압박감에 유감을 표한다. 하지만 우리가 유년기를 "잃어버렸다"고 매도할 때, 정확히 무엇을 지칭하는가? 인생은 태평한 놀이의 시기로 시작된다는 사고는 최근에 생겨난 것이다. 어쩌면 발명되었다고 해야겠다.

이 모든 것은 자칭 "우파의 무정부주의자" 프랑스의 역사가 필립 아리에스가 1960년 발표한 『아동의 탄생』에서 시작되었다. 17세기 이전에는 실질적으로 아동이라는 개념이 존재하지 않았고 아이들은 단지 작은 어른으로 취급되었다는 그의 충격적인 견해는 인류학자, 사회학자, 행동심리학자, 역사가 들에게 연구의 불씨를 지폈다. 이때가 1960년대, 정치 활

동과 생식의 자유, 섹스와 마약, 로큰롤의 여명이 밝아오던 시대였다. 가족 단위가 변화할 기미가 보였지만, 2014년 현대가족협회의 조사에서처럼 1960년대는 미국 아이들의 65%가 아버지는 일하고 어머니는 전업주부인 기혼 부모와 함께 살던 시대였다. 한 역사가가 아이들이 항상 개성을 존중받으며 양육되고 가족 구성원으로 존중받았던 것은 아니라고 주장한 시기는 이처럼 격동의 10년이었다. 미국의 동화작가 쉘 실버스타인은 이렇게 썼다. "해피엔딩이란 없다. 엔딩은 가장 슬픈 부분이니까. 그러니 내게 행복한 중간부와 아주 행복한 시작만 들려달라." 그는 대부분 동화작가와 마찬가지로 미국의 보편적인 방식으로 유년기를 이해했다. 즉, 아이들은 사회의 가장 소중한 구성원이며 인생의 시작 시기에는 아이들의 모든 욕구가 충족되는 소중한 보호막이 있어야 한다는 것이다. 인류학자 데이비드 F. 랜시는 이러한 접근법을 가리켜 "아이 중심 체제neontocracy"라는 용어를 만들었다. 이와 반대되는, 나이든 구성원을 강조하는 체제를 "고령자 지배 체제gerontocracy"라고 칭했다.

랜시는 고령자 지배 체제에서는 아이들을 "익어야 최고가 되는" 대상으로 본다고 주장한다. 완전히 어른다운 행동과 사고를 하기 전까지 아이들은 완전한 개체로 존중받지 못한다. 아이 중심 체제에서는 아이들을 "푸르른 자체로 최고"라고 인식하며, 아이들은 태어난 순간부터 한 인간으로 존중받으며 세심

하게 양육된다. 그리고 현대 세계 대부분은 빨리 숙성되고 싶은 충동에 지배받지만, 역사는 자연의 흐름에 맡겨야 한다고 제안하는 것 같다. 역사가 피터 N. 스턴스는 『성장: 글로벌 맥락에서 살펴본 어린이의 역사』에서 수렵채집 사회 같은 초기 인류 경제체제에서 아이들은 "경제적 부담"으로 간주되었다고 지적한다. 어린아이들은 자율권을 행사했다. 다시 말해, 연령대에 맞춰 구분되거나 성인들의 경험으로부터 보호받지도 못했다. 스스로 관찰하고 탐구하며 배웠고, 부모들은 단호히 손을 뗐다. 아이가 불에 가까이 다가가 화상을 입었다고? 그러면 다시는 그러지 않을 것이다. 칼을 들었다가 베었다면? 그 즉시 그 도구의 위험성을 알게 될 것이다.

인류 사회가 초기 농경 경제로 전환되자, 유년기의 어려움은 더 커졌다. 먹고 자라기 위해 고군분투하며 제 몫의 노동을 해야 했다. 한 가족의 가치와 생존이 얼마나 많은 땅을 소유하고 그로부터 얼마의 수확을 거두었느냐에 달렸기에 아이들도 밭에서 일을 해야 했다. 요즘이라면 다섯 살짜리 아이는 제 나이에 맞는 장난감을 갖고 놀라고 떼어놓겠지만, 그 당시라면 씨를 뿌린 땅에서 북을 치며 새를 쫓아내거나 모내기를 하거나 추수를 도왔을 것이다.

현대 의학과 위생 시설이 등장하기 전, 아이들의 사망률이 30-50%에 달하다 보니 늘 사망률을 감안해 가족계획을 세웠다. 그 결과, 유아는 종종 보호

관찰 상태에 놓여 자랄 때까지, 적어도 다 자랄 것 같다는 판단이 들 때까지 이름을 갖지 못하거나 죽은 형제자매의 이름을 물려받았다. 생존이 보장되기 전까지 아이에게 애정과 자원을 쏟는 것은 쓸데없는 것이었다. 심지어 아이들은 버려지거나 다른 집에 고용되거나 보내지기도 했다. 입을 덜기 위해서라면 뭐든 했던 것이다. 하지만 다 자란 아이들은 새로운 역할을 부여받았다. 부모의 계획에 따라 나이 먹어서도 주변에 머무르며 자신을 돌볼 수 있었다.

계몽주의 시대가 되어서야 우리가 알고 있는 유년기의 발판이 마련되었다. 가족의 사랑과 양육이 중요해졌고 예술도 아이들에 대한 달라진 시각을 반영했다. "인간의 감각을 지배하는 모든 개념처럼 유년기라는 개념도 계속해서 진화하고 있다." 컬럼비아 대학교 바너드 컬리지의 예술사학과장인 앤 히고넷 교수는 이렇게 말한다. "예술가들은 항상 자신이 살아가는 순간의 가치를 표현하려 한다." 반면 중세 작품에서는 아이들이 거의 등장하지 않으며(간혹 그런 경우엔 작은 어른으로 표현되었다), 계몽주의 시대의 작품은 아이들을 하나의 인격체로 묘사했다. 아리에스는 아이들이 두드러지게 그려진 가족 초상화의 증가세에 주목하며, 초상화의 중요한 부분으로 자리매김했다는 점을 강조한다. 또한 영아 사망률이 하락하면서 죽은 아이들의 초상화를 그리는 분위기가 형성되었다고도 언급한다. 이제 아이들의 죽음은 당연한 규칙이 아닌 예외가 되었고, 가족은 그들을 기념할 만큼 소중히 여겼다.

18세기의 프랑스 화가 장 밥티스트 시메옹 샤르댕은 오늘날처럼 놀이에 열중한 아이들을 소재로 초상화를 그린 최초의 화가 중 하나이다. 빨대로 비누 거품을 불고, 팽이를 돌리고, 카드를 가지고 노는 등 일상적인 행동에 대한 그의 사려 깊은 묘사는 대중들이 어린이들의 실내 생활에 대한 인식을 형성하는 데 기여했다. "샤르댕은 게임처럼 어린 시절에만 할 수 있는 놀이에 집중하는 아이의 모습을 그렸을 뿐 아니라 중산층 아이의 모습도 보여준다." 히고넷이 설명한다. "(그것들은) 개인 가구와 면옷처럼 1680년부터 1720년 사이에 발명된 새로운 소비재에 의해 확인되는데, 유년기가 근대 유럽의 발명품으로써 계몽주의 시대에 새롭게 대두된 개인주의의 핵심이었다는 사실을 이해하는 데 도움을 준다."

문학 역시 널리 영향을 미쳤는데, 특히 급성장하는 대중교육 사상에 큰 영향을 미쳤다. 존 로크의 「인간지성론」(1689), 구체적으로는 '백지설'의 영향이 컸다. 뉴캐슬 대학교의 18세기학 교수 매튜 그랜비 교수는 "인간은 천성을 갖고 태어나는 것이 아닌 환경과 양육 방식에 따른 산물이라는 사고가 대중화되었다."고 설명한다. "이는 우리를 우리답게 만드는 방법으로써 교육의 중요성이 받아들여졌다는 뜻이었다." 로크의 획기적 이론은 유년기를 미래를 위해 준비하는 시간으로 만들었다. "학습과 노력을 통해 발전할 수 있다는 가능성은 교육 투자의 중요성을 시사했다." 이러한 진화의 한 예로 아동문학의 성장을 꼽으며 그랜비가 말했다.

예상대로 빅토리아 시대 사람들은 현재 우리가 알고 있는 청소년 문화를 받아들이며 유년기라는 새로운 개념을 아름답게 구체화했다. 그들은 어린 시절에 대한 천사 같은 이미지에 사로잡힌 나머지, 자신들의 앳된 모습을 강조하는 식으로 차려입었다. 부모들이 아이들을 자신들이 감정적 편안함을 느끼는 원천인 장밋빛 발그레한 볼의 작은 천사 모습처럼 중성적인 이상형에 어울리도록 치장했다. 아기들은 베시넷 유모차를 타고 거리를 행진했고, 통통하고 눈이 동그란 아이들의 이미지가 광고와 잡지에 도배되었으며, 아역 배우들이 무대를 장악했다.

"우리가 유년기를 '잃어버렸다'고 매도할 때, 정확히 무엇을 지칭하는 것인가? 인생은 태평한 놀이의 시기로 시작된다는 사고는 최근에 생겨난 것이다."

하지만 빅토리아 시대와 에드워드 시대의 문학은 어린 시절의 현실과 환상의 커다란 괴리를 드러낸다. 산업혁명 시기의 어린 희생자 상당수는 방직 공장과 탄광 같은 위험한 환경에서 일하거나 누더기를 입고 거리에서 행상을 했다. 찰스 디킨스와 엘리자베스 배럿 브라우닝은 빅토리아 시대의 도시에서 가난한 아이들을 괴롭히는 개탄스러운 상황을 묘사했다. 그들은 계급 간 불평등을 제대로 이해하고 나아가 사회 개혁과 아동노동법으로 발전할 길을 이끌었다. 배럿 브라우닝은 1843년 발표한 시 「아이들의 울음소리」에서 이렇게 묘사했다. "'아,' 아이들이 말한다. '이제 지쳐서/ 달리거나 뛰어오를 수도 없어요-/ 우리가 어떤 목초지를 가꾼다면, 그건 단지/ 거기 쓰러져 잠자는 것뿐이겠죠.'" 한편 J.M. 배리와 루이스 캐럴 등 많은 작가들은 어린 시절의 환상을 이야기로 썼다. 반세기 후 J.M. 배리의 유명한 소설에서 피터팬이 아이들에게 "자라고 싶어도 절대 자라선 안 돼."라고 말하듯 말이다.

두 차례의 세계대전은 다른 방식으로 추를 흔들어 유년기에 대한 더욱 암울한 그림을 보여주었다. 농경 사회에서처럼 죽음이 아이들 삶의 최전선에 자리했다. 제1차 세계대전의 유명한 이미지에는 부엌에서 엄마를 돕는 프랑스 아이가 등장한다. 둘 다 가스마스크를 쓰고 있는 모습에서 근심 걱정 없는 유년기가 끝난 세대의 일상과 공포가 충격적으로 드러난다. 격동의 전쟁 시기가 끝난 뒤 1950년대 미국에는 흰 피켓 울타리, 2.5명의 아이들, 하루 종일 집안일을 하고 6시 정각이면 저녁 식사를 차려내는 엄마, 때맞춰 문으로 들어와 서류가방을 내려놓고는 품위 있게 자리에 앉는 아빠의 모습으로 구현된 전통적인 가족이라는, 단명한 발명품이 도입되었다. 사회 심리학자 엘리 핀클 박사가 Curiosity Podcast에서 언급했듯, 그 10년간 가정의 행복이라고 알려진 것은 "역사의 눈 깜박임"일 뿐이었다.

그런 다음 아리에스가 등장해, 유년기 발달에 대한 환상이 커지기 시작했다. 1968년 시작된 미국의 획기적인 어린이 TV쇼 「미스터 로저스의 이웃」은 전국적 인기를 얻었다. 다정한 진행자는 관객들에게 "세상에 너희와 똑같은 사람은 없어. 나는 너희들을 있는 그 자체로 좋아해."라고 말하며 마음을 울렸다. 그다음 해 「세서미 스트리트」가 나왔다. 현재 전 세계 150개국 이상에서 방송되며 높은 시청률을 올리는 어린이 교육 프로그램이다.

유년기 문화는 여기 머물렀지만, 상품화가 시작되었다. 스턴스는 이렇게 썼다. "20세기 어느 시점부터 대부분의 부모들은 아이들에게 물건과 즐거움을 제공하는 것이 중요한 부모 역할이라고 믿기 시작했고 자신들의 능력이 부족할 때면 죄책감을 느끼기 시작했다." 사람들이 자기 나이조차 기록하지 않던 시대와 (아리에스는 18세기 이전에는 축하는커녕 알려지지도 않았다고 한다) 극명한 대조를 이루며 미국 노래 「Happy birthday to you」는 거의 모든 언어로 번역되어 불렸다. 세계적으로 볼 때 우리는 나이에 대한 중세의 생각과 거리가 멀기 때문에 매년 재정적으로 팡파레를 울린다. 생일 파티 산업은 나날이 번창하는 사업이다. 랜시가 썼듯 "부모 노릇은 궁극의 취미 생활"이 된 것이다.

"아이들은 많은 걸 할 수 없다는 사고가 오랫동안 팽배했다." 헐트 국제경영대학원의 신경과학 교수인 매트 존슨 박사가 말한다. "유전적으로 타고난 자질에 암호화된 특성이 있다. 그래서 아이들과 상호작용 여부는 별 차이를 만들지 못한다. 아이들은 동정심 유전자가 있거나 아니면 이런 성격이나 기질, 혹은 언어 유전자를 갖고 있거나, 아니면 없을 수도 있는데…그 모든 건 본질적으로 타고난 것이다." 하지만 계몽주의 이후 태도가 변하며, 현대 신경발달학 연구는 확실히 추를 다른 방향으로 흔들었다. "중요한 건 배움이다. 이 명제는 실제로 이 작은 생명체를 돌봐야 한다는 질문에 그렇다고 대답하게 이끌었다. 아이들은 발전하는 존재다. 물론 유전도 중요하지만 아이들을 돌보는 방식, 가족 구성원으로 받아들이는 방식, 그들과 상호작용하는 방식이 장기적 결과에 큰 영향을 미친다."

제1세계에 사는 아이들은 부모의 두려움에 때문에 집을 나서지 못할 정도로 애지중지 자랐다. 컴퓨터와 텔레비전이 2차 관리인이 되었다. 장난감과 TV는 자유의 부족에 대한 보상이었다. 유년기의 상품화와 더불어 사춘기가 길어지는 현상이 나타났다. 인구학자들은 20대에도 부모에 의존하는 "신생성인"이라는 새로운 집단을 확인했다. 동시에 개발도상국의 많은 아이들은 여전히 생존을 위해 고군분투하고 있다. 한 아이의 손에 쥐어진 첨단 장난감은 전혀 다른 사회에서 다른 아이가 조립한 것이다.

많은 사회가 나이와 능력에 따라 아이들을 분류하고, 경험으로부터 보호하며, 권장 연령에 맞는 장난감을 제공하고, 때로는 태어나기도 전부터 교육 계획을 짜면서, 아이들이 평생 사용할 도구를 탐색하고 이해할 기회를 앗아가는 것 같다.

현재 우리가 알고 있는 유년기의 개념은 어떤 사회에서 발명되었나? 그 뿌리는 17세기 유럽에서 싹터, 그 시대 어느 시점부터 아이들은 가족생활의 중심부로 옮겨오게 되었다. "모든 사람이 유년기에 깊이 새겨진 생각이 영원히 간다고 믿는다. 그러나 실제로는 사회를 조직하는 방법에 대한 기본적인 생각조차 계속해서 변하고 있지 않는가." 히고넷이 말한다. 불간섭주의부터 헬리콥터 육아까지, 사회의 최근 육아 혁신은 근본적 요구 사항을 대체할 필요성을 만들어내고 있다. 하지만 신중한 전문가들과 열혈 부모들은 말할 것이다. 시간만이 답이라고.

Ahead of

짐을 가볍게 하기 위한 유쾌한 안내서. *Photography by Zoltan Tombor*

the Pack

짐을 뒤로하고

Set Design by Áron Filkey

우리가 짐을 가볍게 꾸리려 한다 해서, 짐 싸는 걸 가볍게 여기진
않는다. 여름휴가를 앞두고 『킨포크』는 토토카엘로와 함께
토토카엘로 아카이브에서 사려 깊게 선정한 뉴 컬렉션에서 반드시
기내 반입 수화물에 챙겨 넣어야 하는 아이템을 골라보았다.

왼쪽: 〈토토카엘로 아카이브〉의 가디건 스웨터. 위: 〈플리츠 플리즈 이세이 미야케〉의 스카프. 앞페이지: 〈리모와〉의 러기지, 〈커먼 프로젝트〉의 스니커즈.

욱닉 스웨터, 크루넥 스웨터, 탑은 〈토토카엘로 아카이브〉, 백은 〈옴므 플리세 이세이 미야케〉, 옥스포드 셔츠는 〈MM6 메종 마르지엘라〉, 선글라스는 〈셀린느〉.

위: 〈토토카엘로 아카이브〉의 셔츠와 슬리브리스 탑. 오른쪽: 〈토토카엘로 아카이브〉의 스트레이트 레그 바지.

〈토토카엘로 아카이브〉의 로브 코트.

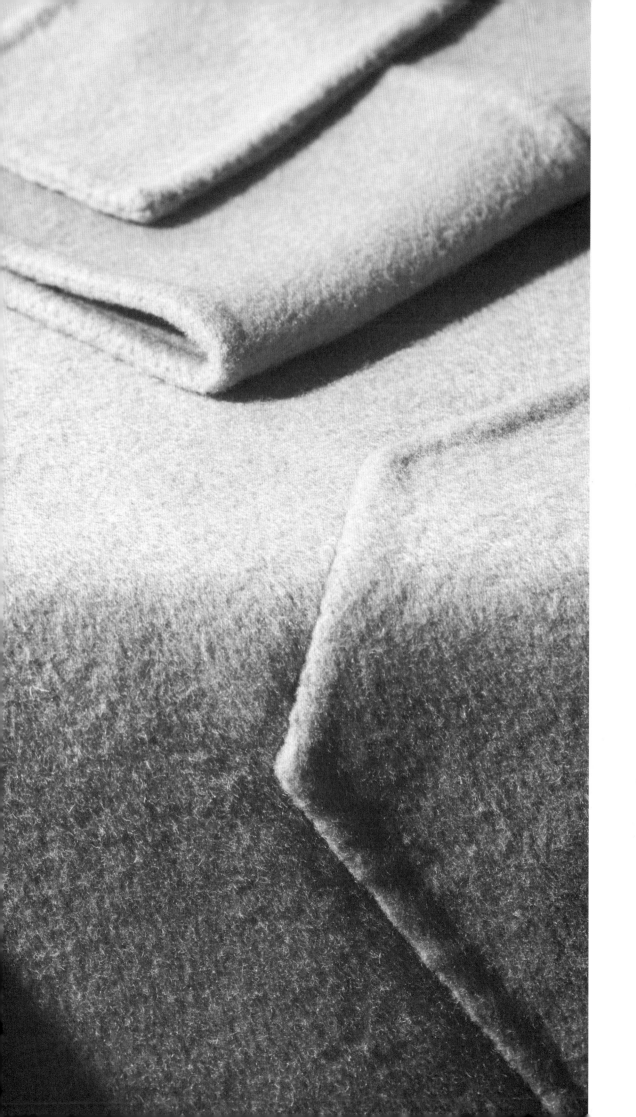

모든 옷은 〈토토카엘로 아카이브〉.

3
Tokyo

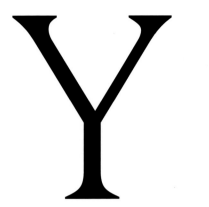
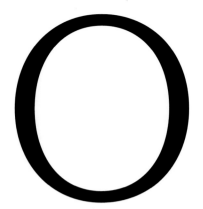

도쿄에 살며, 이 도시의 그런지 시크 미학을 〈디올〉을 비롯한 전 세계에 전파한 디자이너를 만나다.

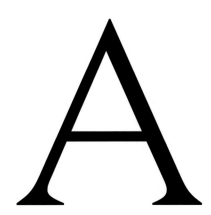
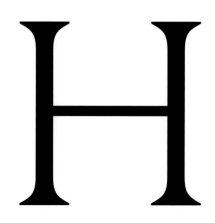

O

N

N

N

Words by *Laura Rysman*, Photography by *Yuji Fukuhara* & Styling by *Rumiko Koyama*

"나는 이 도시가 정말 좋다. 도쿄는 항상 역동하며 변화한다."

"인생의 모든 것은 늘 내게 더 큰 것을 준비하게 한다." 디자이너 안윤이 아침의 화보 촬영을 마무리한 뒤 의자에 앉아 인어공주 같은 샴페인 블론드 머리를 뒤로 묶으며 말했다. 호놀룰루 가족 여행에서 막 도쿄로 돌아온 참이었다. 41년간 세계를 돌아다녔지만 좀체 갖지 못한 휴가였다. 그녀는 일대 현상이 되어버린 스트리트웨어 브랜드 〈앰부시Ambush〉를 이끌며 수많은 브랜드와 협업하였고, 지난해부터 〈디올 옴므〉의 주얼리 디자이너를 겸하고 있다. 안은 결연한 각오로 올라야 할 사다리처럼 일의 성과를 차곡차곡 쌓고 있다.

한국에서 태어나 시애틀 교외에서 자라 보스턴 대학교를 졸업한 안은 2003년 미래의 남편이자 〈앰부시〉의 동업자가 될 래퍼 버벌(본명 유용기)와 함께 도쿄로 옮겨왔다. 일본어를 한 마디도 모른 채 무작정 왔지만 16년이 지난 지금, 그녀는 시부야 아파트 16층 혹은 1층의 미니멀한 콘크리트 브랜드 플래그십 스토어 위에 자리한 〈앰부시〉 스튜디오 근처를 어느 곳보다 편하게 느끼게 되었다. "나는 이 도시가 정말 좋다." 그녀가 감탄하듯 말한다. "도쿄는 항상 역동하며 변화하지만, 나라의 기저는 굉장히 전통주의적이다. 바로 이 지점이 흥미로운 교차점이다." 창 너머 많은 크레인이 2020년 올림픽 준비에 한창인 모습을 보며 개발 속도가 얼마나 빠른지 절감하지만, 그녀는 변화의 가능성도 받아들인다. "짜릿하다. 올림픽이 열리면 더 많은 사람들이 이곳에 올 테고, 더 많은 에너지도 가져오지 않겠는가." 사실 그녀는 다음 컬렉션을 도쿄 올림픽에 헌정했다.

안과 버벌은 둘 다 보스턴 대학교 학생이던 시절 지역 교회에서 처음 만났다. 새로운 외국 도시인 도쿄에서 자신의 길을 찾은 그녀는 그래픽 디자이너와 스타일리스트로 일하며 버벌이 무대의상에 걸칠 주얼리를 디자인하기 시작했고, 지역 금세공업자들과 협업했다. "그럴 수밖에 없었다." 그녀가 설명한다. "원하는 의상은 언제든 찾을 수 있지만, 주얼리는 그렇지 못했으니까. 특히 랩 문화에서 맞춤형 체인 등의 주얼리는 개인을 드러내는 아이템이다. 개인의 로고인 셈이다."

버벌의 랩 공연을 위해 제작한 18캐럿짜리 굵은 체인 목걸이를 시작으로, 안은 지인들을 위해 비싸지 않은 금속으로 소품을 디자인하기 시작했다. 하지만 제대로 이름을 날리기 시작한 건 친구인 카니예 웨스트가 파베 방식으로 만든 만화 스타일의 Pow! 펜던트 목걸이를 뽐내면서부터였다. 이로써 안과 그녀의 새로운 프로젝트는 갈림길에 서게 됐다. 취미였던 열정을 허비할 수도 있었고, 아니면 도약하여 브랜드를 운영하는 사업가가 될 수도 있었다. 2008년, 드디어 〈앰부시〉를 탄생시키며 안은 시장에 진입했다.

"사람들은 브랜드를 만든다는 게 디자인 이상의 일임을 알지 못한다. 이는 당신이 사업을 이끌며, 책임져야 할 직원이 있다는 뜻이다." 그녀가 말한다. "나는 진정한 창의성은 자신의 사업을 꾸려갈 때 발휘되는 것이라고 생각한다." 안은 대중의 니즈를 현명하게 읽는 제품을 만들어내는 앞서가는 회사로 이끌 수 있었다.

"초창기에는 보다 강렬한 제품을 만들곤 했는데, 그런 건 잘 팔리지 않았다." 그녀가 빨갛게 칠한 입술을 오므리며 말한다. 그녀는 말을 이어가며 촬영할 때 썼던 긴 금발 붙임머리를 챙겨 길게 다듬은 진홍빛 손톱으로 하나씩 빗질한다. 이날, 빳빳한 흰 스웨트셔츠를 입고 젬스톤이 박힌 초커 체인을 둘렀는데, 늘 〈앰부시〉 제품을 걸치고 화려한 메이크업을 한 그녀의 강력한 모습은 자신을 브랜

안의 베스트 코트, 탱크탑, 바지, 주얼리는 모두 〈앰부시〉.

"나보다 시부야를 잘 아는 사람은 없을 거다… 이곳의 클럽, 문화, 난 그 모든 걸 경험했다."

안이 입은 트렌치코트, 목걸이, 브로치, 팔찌와 키링은 〈디올〉, 귀걸이는 〈앰부시〉.
오른손의 반지는 〈디올〉, 왼손의 반지는 〈디올〉(위)과 개인소장품(아래).

드 최고의 아바타로 만들었다. 인스타그램 팔로워 40만 명에 달하는 안의 온라인 아이덴티티는 옷만큼이나 사업의 기본 자산이 되었다.

"훌륭한 디자이너라면 창의적인 것을 만들어낼 뿐 아니라 많은 이들이 그것을 좋아하게 해야 한다." 안은 말한다. "자신의 한계를 알면 더 창의적이 된다." 이렇게 명석하게 접근한 덕분에 2017년 LVMH 어워즈에서 최종 수상자로 선정되었고, 〈사카이〉의 아베 치토세, 〈베이딩 에이프〉의 니고, 〈언더커버〉의 다카하시 준 등과의 풍부한 협업을 통해 〈앰부시〉를 키웠다. 또한 클럽에 입고 가도 충분히 멋진 나이키 운동복의 유명 컬렉션을 디자인했고, 밀리터리룩에서 영감받은 컨버스 스니커즈는 출시 즉시 센세이션을 일으켰다. 그리고 6월에는 나이키 월드컵 컬렉션, 7월에는 〈젠틀 몬스터〉 선글라스와 "공개할 수 없는 많은 프로젝트"가 예정되어 있다.

〈앰부시〉에서 안은 크리에이티브와 사업 방향성을 총괄하고 버벌은 행정적인 면을 관리한다. 2015년 의류 라인을 추가한 뒤, 그녀는 날렵하고 기능적인 흰색 웨트슈트부터 「지구에 떨어진 사나이」의 데이비드 보위에 영감을 받은 미래의 군복까지 디자인하며, 스포츠 스타일을 머스트 해브 아이템으로 재해석하는 데 탁월한 능력이 있음을 입증했다. 안이 명성을 얻게 된 주얼리도 익숙한 아이템들과 리믹스하여 평범함을 특이함으로 바꾼다. 페이스 없는 시계는 팔찌가 되고, 금도금한 USB 키는 펜던트가 되며, 옷핀은 귀걸이가 된다. 이런 아이템들은 눈에 띄기도 쉽지만 〈앰부시〉의 화려한 개성이 돋보여, 착용자들은 전 세계 어디에서든 〈앰부시〉 추종자임을 드러낼 수 있다.

2018년 〈디올〉에 채용된 이후, 안은 남성 주얼리에 인스타그램에서 주목받는 특징을 반영해, 파리 패션 하우스의 클래식한 절제미보다 힙합 미학을 드러내는 로고가 두드러진 제품을 디자인했다. 정식으로 패션이나 주얼리를 공부한 적 없는 안은 자신의 브랜드 외 패션 분야에서의 첫 직장인 〈디올〉에서 자신의 역할이 〈앰부시〉를 이끄는 것보다 덜 복잡하다고 생각한다. 그녀는 자신의 책임을 크리스찬 디올의 책임과 비교한다. "미스터 디올은 9년간 재직하며 모든 코드를 만들었다. 그리고 수십 년 동안 디자이너들은 그 유산을 재작업하고 있다. 〈앰부시〉가 60년, 70년 지속될지 모르겠지만, 나는 브랜드의 DNA, 모든 코드를 만들어내야 한다. 하지만 〈디올〉에서는 이미 모든 코드가 만들어져 있기 때문에, 훨씬 편하다."

〈디올〉을 비롯한 많은 하이패션 하우스의 코드가 변화하는 요즘, 안은 이러한 변화의 강렬한 상징이다. 도쿄에 사는 아시아계 여성이며 독학으로 공부한 디자이너로서, 그녀는 쿠튀르 하우스에 스트리트웨어의 민주적이고 글로벌한 미학을 도입하며 전통적으로 학연과 쿠튀르 럭셔리에 대한 고상한 비전을 가진 유럽계 남성들이 지배하던 영역에 잠입하고 있다. 안이 〈디올〉에 등장하게 된 것

은 연쇄 반응의 일환이었다. 2018년 3월, <디올>은 킴 존스를 남성복 책임자로 영입했다. 전에 몸담은 <루이비통>에 스트리트웨어 친화적 미학을 담은 걸로 유명한 디자이너이다. 그리고 존스는 안을 채용했다. 둘은 10년 넘는 친구였다. <디올>에 새로운 책임자가 들어왔음을 드러내기 위해 존스는 스트리트 아티스트 KAWS를 영입해 디자인 협업을 진행했다. KAWS는 10미터 높이의 양복 입은 그의 시그니처 캐릭터 조각상을 디자인하고 꽃 7만 송이로 장식했다. 이처럼 대량의 꽃을 이용한 설치물은 라프 시몬스가 시적인 공중 정원과 꽃이 빼곡한 낭만적인 벽을 세운 이래 <디올> 런웨이의 일부가 되었다. KAWS의 꽃으로 뒤덮인 거대한 카툰 피규어는 존스의 지휘 하에서도 <디올>의 우아한 소재와 장인 정신을 유지하겠지만 그 결과물은 덜 엄숙할 것임을 보여주었다.

존스와 안이 <디올>에 입성할 무렵 버질 아블로가 <루이비통> 디렉터로 임명되었다. 안의 친구이자 역시 정식으로 디자인을 공부하지 않은 디자이너인 (대신 건축 학위가 있는) 아블로는 오프화이트 라인으로 패션계에서 이름을 날리게 되었다. "나와 버질 같은 사람들은 패션 스쿨을 졸업하고 패션 하우스 어시스턴트로 시작하지 않았다." 안이 말한다. "인생이 우리의 학교였다."

"킴이 <디올>에서 함께 일하자고 했을 때 난 좀 겁이 났다." 그녀가 말을 이었다. "하지만 나는 비즈니스에 대해 몰랐지만 사업가가 되었다. 그리고 그럴듯한 디자인을 내놓았다. 패션 스쿨에서 배우는 것보다 훨씬 현실적인 걸로." 안은 자신의 브랜드를 운영하며 쌓은 경험으로 시장이 돌아가는 방식, 제조업자와 일하는 법, 소매업자와 고객들과 거래하는 법을 배웠다. "내가 이 자리에 있는 건 당연하다고 생각했다. 적합하지 않은가." 그녀가 말한다. "내가 <디올 옴므>에서 어떤 결과를 만들어낼까? 모던함, 2019년 트렌드, 사람들이 실제로 사고 싶어지는 것."

지금까지 <디올>에서 근무하면서 파리 쿠튀르보다 도쿄 거리에서 나온 팝 스타일을 시도해왔는데, 이는 안이 이끌어내려 했던 엄청난 변화이다. 도쿄에서 출퇴근하는 그녀의 생활은 자신 디자인의 뿌리와 활기를 유지해주고, 지역 클럽은 독창적인 아이디어의 원천이 되어준다.

"클럽 문화에서는 튀는 옷을 입어야 한다." 그녀가 그 시대의 특이함을 1980~90년대 런던 클럽의 역동성에 비교하며 그녀가 설명한다. 익스트림 룩에 대한 그녀의 취향은 보스턴과 시애틀의 단조로운 환경에서 자라며 굳어졌다. 서퍼, 그런지 키드, 바이커, 문제아 등 다양한 도쿄의 클러버들은 그녀의 디자인에 영향을 미쳤다. "특정 클럽에 가는 사람들이 똑같은 스타일의 옷을 입고 똑같은

음악을 듣는 미국과는 달랐다." 그녀는 말한다. 끝없이 파티가 열리던 시절이었고 그녀는 "패션계의 모든 이들을 그런 식으로" 만났다고 한다. "사업 초기 함께 일했던 사람들 대부분이 이렇게 연이 닿은 거다. 인간관계로 인해, 매우 유기적으로 말이다."

이런 관계들 덕분에 인구 2천만 명의 도시에 자리를 잡을 수 있었다. "외부에서 보면 도쿄는 미친 것처럼 보인다. 하지만 여기에선 패션계의 모두가 서로를 알고 지낸다. 꽤 결속력 있는 집단이다."

안은 도쿄에서 가장 활기찬 젊음의 거리이자 세계에서 인구가 가장 많은 도시의 나이트 라이프의 중심지인 시부야의 고층 건물에서 13년째 살고 있다. "나보다 시부야를 잘 아는 사람은 없을 거다. 나는 그 변화를 전부 지켜보았다. 여기엔 많은 클럽, 문화가 유입되었고, 나는 그 모든 걸 경험했다." 그녀가 말한다. 이 지역은 외국인들이 거주지로 선호하지 않는 곳이지만, 안은 그렇게 느끼지 않는다. "나는 다른 곳에서 자랐기 때문에 결코 완전한 일본인이 되지 못한다." 그녀의 가족은 군인이던 아버지를 따라 한국, 시애틀, 하와이, 캘리포니아로 옮겨 다녔다. "하지만 여긴 내 집이다. 다만 고국을 한 번도 떠나지 못한 사람보다 내 시야가 훨씬 더 넓을 뿐이다."

그리고 그 관점은 계속 진화하고 있다. 안은 예전처럼 도쿄의 클럽을 자주 드나들지 않는다. "아마 지친 탓일지도 모르겠다." 그녀가 말한다. "하지만 더 이상 확인할 장면도 없는 것 같다." 대신 <앰부시> 사무실에서 12시간 동안 (과거보다 훨씬 짧은 시간이다) 일하기 전, "고양이들 말고는 모든 것이 고요한" 새벽 네다섯 시에 일어나 두어 시간 책을 읽고 디자인을 스케치한다. 영감을 얻기 위해 클럽의 전기 에너지 대신 과거의 책과 창작물로 눈을 돌린 것이다.

"<디올>에서 일하며 나는 정말 달라졌다. 이제 유산과 오래갈 수 있는 것을 만든다는 것에 대해 생각하기 시작했다. 그래서 40, 50년 동안 시간의 시험을 견뎌온 예술, 가구, 건축물을 본다. '그 작품이 21세기에도 여전히 의미가 통하는 이유를 이해하려 하면서 말이다." 그녀가 말한다.

그녀는 카세트 테이프 귀걸이, 자물쇠 초커, 라이터 홀더 펜던트 등 평범한 물건을 감성이 담긴 새로운 작품으로 변주하려 했다. "나는 사람들이 간과하는 물건에 가치를 부여하고 싶다." 그녀가 말한다. "디자이너의 역할에는 사람들이 사물을 새로운 시각으로 보게 하는 것도 있다." 열광적인 군중들은 야심찬 커리어의 정점에 있는 안이 다음엔 무엇을 보여줄지 기대하고 있다.

"내가 <디올 옴므>에서 어떤 결과를 만들어낼까? 모던함, 2019년 트렌드, 사람들이 실제로 사고 싶어지는 것."

안의 트렌치코트, 슈즈, 목걸이, 키링은 <디올>, 귀걸이는 <앰부시>, 반지는 모두 <디올>.

Tokyo

한낮의 햇빛이 밤의 네온 불빛에 희미해질 때면 도쿄는 열정을 발산한다.

Rising

도쿄의 등장

Photography by Romain Laprade & Styling by Daisuke Hara

왼쪽: 히로미의 재킷과 셔츠는 〈요헤이 오노〉, 스커트는 〈존 로렌스 설리번〉. 왼쪽 위: 탑은 〈옌스〉, 스커트는 〈하이크〉.
오른쪽 위: 탑과 셔츠는 〈에르메스〉. 이전 페이지: 191페이지 크레디트 참조.

아래: 케이스케의 재킷과 셔츠는 〈에르메스〉. 오른쪽: 히로미가 입은 재킷과 스커트는 〈요지 야마모토〉.

왼쪽 위: 케이스케의 재킷과 셔츠는 〈이세이 미야케 맨〉. 오른쪽 위: 〈존 로렌스 설리번〉의 슈트. 오른쪽: 전부 〈이세이 미야케 맨〉.

아래: 히로미가 입은 코트는 〈에르메스〉. 오른쪽: 케이스케의 슈트는 〈존 로렌스 설리번〉, 셔츠는 〈유키 하시모토〉.

위: 히로미의 드레스는 〈하이크〉, 슬립 드레스는 〈미스터 잇〉. 오른쪽: 케이스케의 재킷은 〈유키 하시모토〉, 셔츠는 〈이세이 미야케 맨〉, 바지는 〈옌스〉.

Archive:
Toko Shinoda

인물 탐구: 시노다 토코

닉 나리곤이 도쿄의 전후 아방가르드 사조에 접목한 캘리그래피로 현존 가장 중요한 추상 표현주의자가 된
백세의 예술가를 소개한다.

근현대 미술에서 그 영향력이 서양에서 동양으로 전해진다는 것이 지배적인 이론이다. 올해 106세가 된 시노다 토코의 삶과 유산은 이러한 이론과 편견에 대한 반격이다. 그녀의 수묵화는 전 세계 주요 박물관에 걸려 있으며 일본 황실과 뉴욕 록펠러 가문의 소장품이기도 하다. "나는 시노다를 숭배하게 되었다. 특히 단순함과 강함 사이에서 균형 잡는 방식에 감탄스러울 정도다. 그녀의 예술에는 어디선가 파생되지 않은 독창성과 힘이 있다." 데이비드 록펠러는 이렇게 썼다.

시노다는 아직도 도쿄 중심가에 살고 있다. 이젠 귀가 들리지 않아 인터뷰를 잘 하지 않고 기억력에 자신이 없다며 에세이 출판도 중단했다. 하지만 여전히 그림을 그린다. 1950년대 그녀에게 처음으로 국제적 명성을 가져다준 작품과 똑같은 솟구치는 추상 작품이다.

시노다는 1913년 일본의 유명한 가문에서 태어났다. 도쿄에서 자라던 어린 시절부터 예술 교육을 받았다. 그녀의 큰아버지는 메이지 천황의 인장을 조각했고, 아버지는 서예와 중국 시에 열을 올렸다. 여섯 살 때부터 배우기 시작한 서예는 그녀의 예술 세계의 기틀이 되었다. 그녀의 선생이 빨간 먹으로 교정한 부분은 훗날 그녀의 시그니처 스타일이 된다.

"때론 선생님의 빨간 먹이 겹쳐지거나 내가 쓴 글자의 획을 좀 더 날카롭게 바꾸기도 했다." 시노다는 훗날 이렇게 회고했다. "가끔은 그 붉은 그림자가 매력적으로 느껴졌다. 하지만 나는 모범생이 아니었고, 그 붉은 덧칠에 반발심을 느끼곤 했다." (서예 선생이었으면서 어째서 더 이상 학생들을 가르치지 않냐는 질문에 시노다는 이렇게 답한다. "피카소도 그러지 않았으니까요.")

시노다의 서예 재능과 도쿄 상류사회의 인맥 덕분에 1940년 긴자의 명망 높은 갤러리에서 첫 단독전을 열게 되었다. 그리고 제2차 세계대전이 발발했다. 미국의 도쿄 공습이 이어지자 가족은 시골로 피난을 떠나야 했다. 현금은 아무런 가치도 없었기에, 고급 기모노와 도쿠가와 시대의 도자기를 쌀이나 채소와 바꾸었다.

시노다가 미군이 점령한 도쿄로 돌아왔을 때 이 도시는 격변하고 있었다. 시민들이 권위에 반기를 들 수 있는 분위기였고, 시노다에겐 좋은 기회였다. 그녀 세대의 일본 여성들은 가족에 예속되어, 자기 뜻대로 이혼을 할 수도 없었고 남편의 혼외자들을 길러야 하기도 했다. 하지만 시노다는 결혼하지 않고 평생 독신으로 지냈는데, 그 이유로 로맨스에 힘을 쏟는 대신 작품에 헌신하기 위해서였다고 언급했다. 아방가르드 미술학교가 도시 곳곳에 생겼고, 시노다는 창조적인 분야에 몰두하기 시작했다. 1950년대 들어 그녀는 형식적인 서예에서 벗어나 먹으로 추상화를 그리는 데 집중했다.

그 무렵, 뉴욕 현대미술관의 한 큐레이터가 일본인 건축가를 찾아 도쿄에 왔다. 그런데 그는 캘리그래피와 시노다를 발견했다. 1954년 그녀의 작품이 일본 현대 서예전에 전시되었고, 2년 후 그녀는 미국에 가기로 결심했다. 시노다는 오빠의 영향력 있는 친구를 재정보증인으로 하고 도쿄 국립현대미술관장의 추천서를 손에 들고서 1956년 43세의 나이에 3개월 비자를 받고 뉴욕에 도착했다.

그녀가 제일 먼저 한 일은 교포를 찾는 것이었다. 호텔에서 그녀보다 6년 먼저 일본을 떠나온 추상화가 오카다 겐조에게 전화를 걸었다. "좋아요?" 오

미국의 미술평론가 존 카나데이는 시노다의 작품에 대해 이렇게 평했다. "어느 쪽으로도 타협하지 않고 전통에 기반해 모더니즘을 표현하는 보기 드문 아티스트다."

"좋아요?" 오카다가 묻자 시노다가 대답했다. "그런 것 같아요."

Photography: Courtesy of Gifu Collection of Modern Arts

"그녀는 여전히 백 년 전에 배운 방식대로 붓을 쥔다."

카다가 묻자 시노다가 대답했다. "그런 것 같아요."

오카다는 갤러리 소유주 베티 파슨스에게 시노다를 소개했다. 그녀는 시노다가 존경하는 잭슨 폴록 같은 추상 표현주의 화가들의 초기 지지자였다. 후원자들의 지원으로 시노다는 보스턴, 신시내티, 시카고에서 작품을 전시하며 빠르게 경력을 쌓아갔다. 하지만 영어와 날씨로 고생해야 했다. 뉴욕 집에서 작품을 제작하려면 습도를 높이기 위해 샤워한 뒤 창을 전부 닫아야 했다. 그래도 먹은 화선지 위에 너무 빨리 말라붙었다. 몇 달마다 비자를 갱신하며 2년을 보낸 뒤 그녀는 도쿄로 돌아왔다.

하네다 공항에 도착하자 기자들이 미국에서 이름을 날린 일본인 여성을 기다리고 있었다. 하지만 불행히도 미술품 딜러들은 없었다. 톨먼 컬렉션의 수석 고문 나가오 에이지는 당시 좌절한 예술가와 나눈 대화를 떠올렸다. "토코가 한두 번 말한 적 있었어요. '나

가오 상, 요즘은 젊은이들에게까지 인정받고 있지만 그 당시에는 내 작품을 팔기가 정말 어려웠어요.'" 그러곤 경멸하듯 말을 이었다고 한다. "일본에서 예술 작품이라는 게 뭘까요? 다도 용품이에요. 차완, 대나무 티스푼, 족자 같은 거 말이에요. (일본 수집가들은) 이런 골동품에는 큰 돈을 지불하지만 현대미술에는 그러지 않아요."

시노다는 예술 세계를 넓히기로 결심했다. 석판인쇄물을 만들기 시작했고 유명 수필가가 되었다. 사무라이 시대의 남성들처럼 오비를 엉덩이로 낮게 매는 기모노를 디자인하기도 했다.

그녀의 예술 경력은 히로시마 평화기념관을 설계한 영향력 있는 일본인 건축가 단게 겐조가 그녀에게 요요기 국립 경기장을 포함한 1964년 도쿄 올림픽 프로젝트에 벽화를 그려달라고 하면서 꽃피우기 시작했다. 1974년에는 도쿠가와 막부의 후원을 받았던 400년 된 사찰 조조지에 28미터 길이의 벽화를 그렸고, 1970년대 후반에는

일본 추상화의 선구자로 인정받게 되었다.

그녀가 가장 왕성하게 활동하던 시기에 시노다를 만난 사람들은 그녀를 완고하고 다소 쌀쌀맞은 거장이라고 회상한다. 톨먼 컬렉션의 창립자이자 40년간 시노다의 주요 딜러였던 노먼 톨먼은 그가 살던 도쿄 아파트 엘리베이터에서 그녀를 마주쳤던 순간을 기억한다. 톨먼이 그 작은 여성에게 인사를 건넸지만, 그녀는 고개를 돌려버렸다. 톨먼은 나중에 정식으로 만나 왜 그렇게 쌀쌀맞게 대했냐고 물었다. "그녀가 말하더군요. '난 제대로 소개받지 못한 사람과 말을 섞지 말라고 배우며 자랐다.'" 톨먼이 말했다.

마침내 시노다는 떠오르는 예술품 감식가에게 자기 경력의 정수를 맡기는 데 동의했고, 그는 핀란드와 중국처럼 새로운 시장에 그녀를 소개했다. 1996년 일본인 화가로서는 최초로 싱가포르 미술관에서 회고전도 열었다.

지난겨울, 톨먼과 나가오는 도쿄 중

심가에 있는 시노다의 집을 방문했다. 나가오는 그녀의 작업실 안을 살짝 들여다보니 작업 중인 작품이 있었다고 말한다. "그녀에게 삶은 곧 작업이다. 그녀는 자신의 장수 비결이 여름이면 도쿄의 열기를 피해 야마나카로 피서 가는 것과 3,4층에 살며 계단을 오르내리는 것이라고 말했다."

"초창기부터 지금까지의 작품을 보면 그녀가 자신이 무엇을 원하는지 인지하고 있었음을 알 수 있다." 톨먼이 말한다. "그녀의 마음속에선 이미 그림이 완성되어 있다. 자신이 할 일은 머릿속에 있는 걸 종이에 옮기는 것뿐이라고 그녀는 말한다."

그녀는 여전히 백 년 전에 배운 방식대로 붓을 쥐며, 할 수 있는 한 계속 그리할 것이다. "나는 여전히 먹으로 붉은 석양빛과 진홍색 꽃을 표현할 수 있다고 믿는다." 시노다는 이렇게 썼다. "하지만 이를 구현하는 방법은 심오하며, 한 번의 인생으로는 도달할 수 없는 것이기도 하다."

Seven
Cuts

일곱 장의 사진

우산, 문어, 마스크 시트, 정물화를 통해 보이는 도시. Photography by *Gustav Almestål*

Set Design: Andreacs Frienholt

스태킹 텀블러는 깔끔한 정리정돈을 약속한다. 실용성과는 거리가 먼 라무네 병은 구슬 스토퍼 덕분에 어린이 게임용으로도 쓰인다.

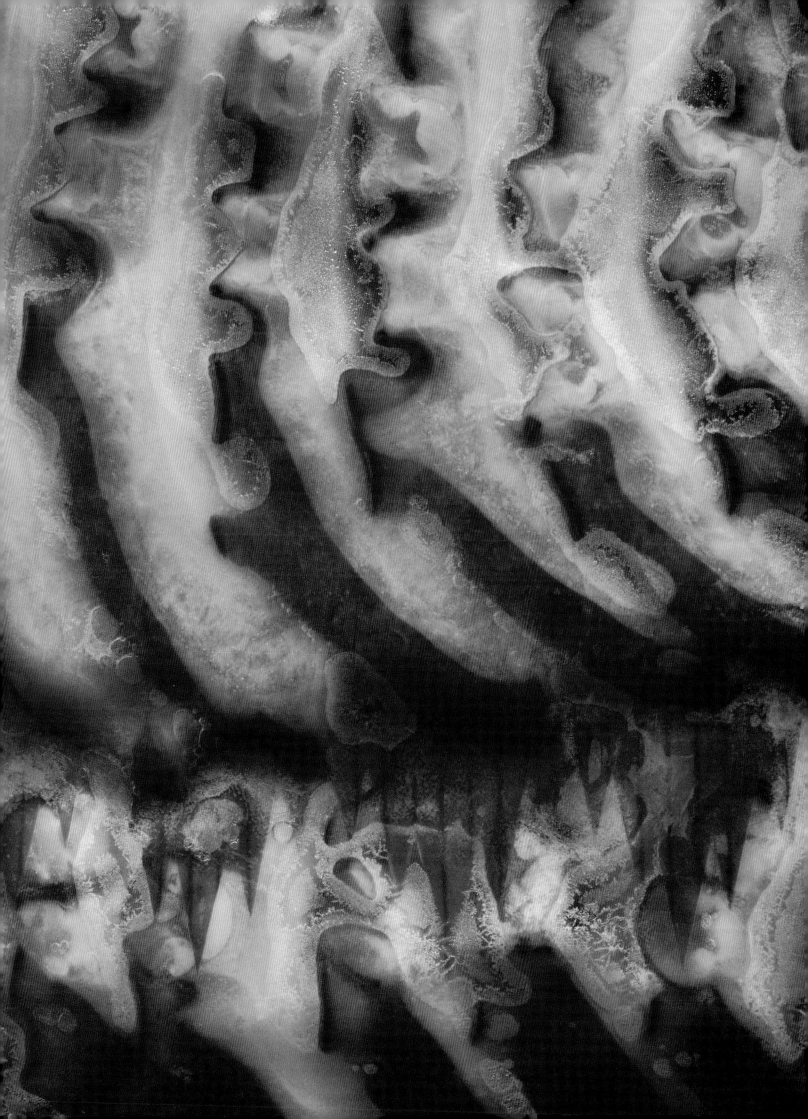

누가 마스크 시트를 발명했는가? 현대 버전은 한국에서 나왔지만 그보다 앞서 일본에서 게이샤들이 기모노 비단을 꽃물에 담가 사용했다고 한다.

APOCALYPSE NEXT

종말 이후

TEXT:
MOEKO FUJII

어째서 도쿄는 그렇게 많은 재난 판타지의 배경이 되었는가? 시부야에 있는 학교에서 지진 대피 훈련을 받으며 자란 후지이 모에코는 도쿄를 예술가들과 영화제작자들의 "디스토피아의 장식"으로 만들었던 자연재해, 인재 등을 돌아본다.

도쿄에 사는 10대였을 때 디스토피아를 상상하라는 숙제가 있었다. 나는 일본화된 시녀의 이야기를 썼다. 여성들이 자신들의 생물학적 기능에 집중해야 하는 설정이었는데, 나는 10대 소녀들이 교실에서 인터콤의 로봇 아기들에게 젖을 주고, 인터콤의 금속성 목소리가 그녀들은 "아기 만드는 기계"라고 말하는 장면이 있었다. 이는 2007년 일본 보건성 장관의 실제 발언을 인용한 것인데, 나는 긴 각주로 이에 대해 논평했다. 그리고 숙제를 낸 뒤 잊고 지냈다.

우리 학교는 시부야와 하라주쿠 사이, 도쿄 중심부에 있었다. 학교 건물은 충격파를 더 잘 흡수하도록 L자 형태로 내진 설계가 되어 있었다. 우리는 지진 대피 훈련을 할 때면 응급 키트를 뜯어 알루미늄 호일을 씌운 담요를 잽싸게 펼쳐, 망토처럼 뒤집어쓰면서 킬킬대곤 했다. 이 꾸러미를 열면 나오는 안내 책자에는 빌딩 근처를 피하고 공터에 있는 편이 낫다고 나와 있었다. 우리는 학교가 높은 건물에 있다는 아이러니에 주목했다. 선생님들은 유리 파편과 간판이 떨어질 위험이 있으니 밖으로 나가는 대신 책상 밑에 숨어야 한다고 말했다.

2011년 대지진과 쓰나미가 도호쿠를 강타했을 때 나는 아파서 결석 중이었다. 내 베프가 알루미늄 호일 망토를 뒤집어쓴 채 학교 바닥에서 자고 있는 친구들의 사진을 보내주며 기차가 다니지 않는다고 말했다. 집에 돌아갈 방법이 없었던 것이다. 한 달 후, 일본 북부의 쓰나미 피해 지역에 자원봉사 하러 갔다. 찌그러진 차들이 레고처럼 층층이 쌓여 있고, 파도에 휩쓸려 건물 꼭대기로 올라간 버스들이 아슬아슬 균형을 잡고 있었다. 그곳은 도쿄에 살며 막연히 생각했던 파괴의 실제 현장이었다.

도쿄보다 파멸과 밀접한 도시가 또 있을까? 도쿄는 오랫동안 디스토피아적 미래를 그려내는 화폭이었다. 17세기 초, 에도라고 불리던 초기 도쿄에서 오시치 야오야라는 소녀가 사랑을 위해 도시를 불태웠다. 오시치는 그 시대 많은 대화재가 도시를 휩쓸고 있을 때 절에서 수련 중인 잘생긴 청년을 만난다. 욕망에 사로잡혀, 그를 다시 볼 수 있는 유일한 방법은 화재뿐이라고 확신한 그녀는 불을 내기로 결심한 것이다. 곧 그녀는 방화죄로 화형 당했다. 나는 오시치가 불타는 도시를 내려다보는 장면을 묘사한 목판화에 늘 끌렸다. 한 번 만난 청년을 향한 열정일까, 아니면 열여섯 살짜리 야채상의 딸이 사랑의 이름으로 저지른 엄청난 파괴에 대한 경외심이었을까. 당시 인쇄물에선 황폐함을 미학으로 그렸다. 불탄 도쿄는 위험한 욕망의 상징이었다.

도쿄와 재난은 오랫동안 예술적 상상의 소재가 되어왔지만, 충분히 사실에 근거한 것이다. 역사적으로 이 도시가 겪은 피해를 생각해보라. 미야자키 하야오가 「바람이 분다」에서 정오에 집들이 굉음을 내며 공중분해되는 모습을 묘사한 1923년의 관동대지진, 1945년에는 미국이 하룻밤 동안 1,665톤의 폭탄을 투하한 도쿄 대공습이 있었고, 1995년에는 옴진리교 광신도들이 도쿄 지하철에 사린 가스를 살포해 10여 명이 죽는 사건도 있었다. 이전의 재난에 비하면 규모는 아주 작았지만, 공격받는다는 느낌을 이제 잊기 시작한 나라를 다시 공포로 몰아넣었다.

적절한 상상력을 발휘하면 국내, 외국, 우주 세력이 일으키는 폭풍이 아득한 종말론적 미래를 향해 소용돌이칠 수 있다. 도쿄가 불타고, 함락되었다가, 재출현하는 것이다.

이 도시에서 괴수들의 왕이 태어난 것은 그리 놀랍지도 않다. 1954년 도쿄만에서 첫 등장한 이래, 고질라 혹은 일본식으로 고지라는 거의 30여 편의 영화에 등장했다. "다른 나라의 도시, 혹은 샌프란시스코 지진, 시카고 대화재, 제2차 세계대전의 대공습은 물론이고 대화재까지 겪은 런던처럼 파괴의 역사를 경험한 도시조차 이런 강렬한 재난의 판타지에 매료되지 않는다." 헨드릭스 컬리지 학장이자 고질라 학자인 윌리엄 츠츠이가 말한다.

나는 우리의 괴수 왕을 좋아한다. 내가 가장 좋아하는 고질라 영화에서 녀석이 자신의 정체를 이해하지 못하는 점이 마음에 든다. 고질라는 불가해하고 예측 불가능한 존재인데, 안노 히데아키의 「신고질라」(2016)에서 녀석은 45미터에 달하는 거대하고 민첩한 존재로 그려지며 광범위한 공포를 일으키고 유능한 정부 대응의 중요성을 끌어낸다. 녀석이 핵 방사선에 의해 힘을 얻었는데도, 이 영화는 정치인들이 대중들에게 "아직 방사능 수준이 그리 높지 않다."고 장담하며 서둘러 마무리된다. 일본 관객들에게 이상하리만치 친숙하게 느껴지는 부분이다. 이 영화는 2011년 3월 지진과 쓰나미가 일어났을 때 허둥지둥했던 일본 정부에 대한 풍자이다. "지진도, 태풍도 아닙니다." 「신고질라」에서 한 정치인은 이렇게 말한다. "저건 살아 있는 유기체입니다. 그 말은 우리가 막을 수 있어야 한다는 뜻입니다."

고질라는 인간이 만들었지만(대부분의 고질라는 라텍스 슈트를 입은 사람이다) 인간보다 크다. 녀석의 예기치 못한 등장은 우리가 테러리스트의 공격이나 기후 재앙보다 위협적인 무언가에 직면했을 때 어떤 법을 적용할까 고심하게끔 자극한다. 모든 비상사태는 관료제와 정치제도의 결함을 강조하며, 괴수가 아닌 대응의 실패가 이 영화의 핵심이다. 최대한 빨리 괴수를 잡을 방법을 찾아내도록 연구하라는 명령에 머리가 희끗희끗하고 창백한 관료들이 서로를 힐끔 쳐다보다가 한 사람이 묻는다. "실례합니다만, 어느 부처에 할당하신 겁니까?"

나는 고질라의 까다로운 면을 좋아한다. 녀석은 도쿄를 파괴하면서 도쿄 타워를 넘어뜨리고 국회의사당을 날려버리고 대다수 국회의원을 죽이겠지만, 야스쿠니 신사에는 발도 들이지 않고 황궁 위에 쪼그려 앉지도 않을 것이다. 츠츠이가 내게 말했듯, 해를 거듭하며 높아지는 일본 도시의 스카이라인에 걸맞게 커지는 것도 마음에 든다. 녀석은 적이자 친구였고, 다시 돌아와도 그 매력은 줄지 않는다. "우리는 커다란 파충류가 거의 30번째 똑같은 방식으로 도쿄를 파괴하는 모습을 보고 있다. 하지만 후속편이 나올 때마다 행복하게 돌아온다." 츠츠이가 말한다. 그는 이 괴수가 화학 용액에 의해 얼려져 도쿄역 바로 옆의 거대한 조각상으로 변하는 「신고질라」의 결말이 얼마나 적절한지 지적한다. 고질라가 말 그대로 도쿄 스카이라인의 일부가 된 것이다.

도쿄는 테크놀러지 디스토피아의 수도이기도 하다. 기술의 진보로 사회가 붕괴되는 공상과학 장르인 사이버펑크 덕분이다. 뉴욕의 한 파티에서 2019년 카운트다운을 하는데, 한 미국인 친구가 이제 「블레이드 러너」의 해가 되었다고 말했다. "그거 도쿄를 배경으로 한 거 같지 않아?" 그가 물었다. 내가 고개를 젓자 다른 친구가 사실 샌프란시스코와 도쿄를 포스트모던하게 섞은 도시가 배경이라고 주장했다. 그들 둘 다 틀렸다. 영화는 LA를 배경으로 했지만, 미학적인 도쿄 사이버펑크 이미지의 도쿄와 겹쳐졌다. 리들리 스콧 감독에게 도쿄는 크롬, 홀로그램, 그런지와 분재의 도시였다. 일본이 강대국이 되고 미국은 뒤처지며, 첨단 기술과 로봇과 얽히고설킨 관계를 맺게 될 거라는 오랜 예언 뒤에 숨겨진 저속한 영감이었다.

내가 사이버펑크를 그리 좋아하지 않고, 10대 시절 신주쿠 서점 바닥에 앉아 윌리엄 깁슨의 공상과학 소설을 찢지 않았다고 말할 수 있으면 좋으련만, 나는 그랬다. 당시 나는 일본인들이 사라리, 가이진, 아이도루처럼 서투른 정의나 이탤릭체 없이 사용되는 단어, 일본어에 익숙한 독자들을 대상으로 한 문장처럼 쉽게 깁슨 소설의 영어를 받아들이는 방식에 탐닉했다. 깁슨의 상상 속 디스토피아적 지하세계는 내가 사는, 변화 없이 노화되는 지바시일 거라고 조용히 말하곤 했다. 내가 그의 소설을 좋아하는 이유에는 눈에 띄려는 왜곡된 심리도 있었지만 이기주의도 있었다. 펭귄 클래식 어디에서 일본인 이름을 보겠는가? 깁슨이 도쿄를 디스토피아적 장식으로 사용했고, 이국적 느낌을 주기 위해 일본인 이름을 사용했으며, 지바를 하코네, 츠키지 혹은 "일본어처럼 들리는" 어떤 이름으로도 부를 수 있다는 깨달음은 나중에 얻은 것이다.

「블레이드 러너」의 핵심 주제는 정체성이다. 데커드는 로봇인가, 인간인가? 따라서 영화 내내 두드러지는 아시아인에 대한 이해 부족은 거슬리는 정도 이상이다. 일단 눈에서 네온 스모그를 닦아내면 의문이 남는다. 디스토피아 분위기의 얼마나 많은 부분이 복제 로봇의 위협에서 생겨난 걸까, 그 위협의 얼마나 많은 부분이 미국 도시의 골목마다 2개 국어로 쓰인 네온 표시판과 일본어 광고판이 번쩍이는 미래라는 생경한 느낌에서 비롯된 걸까?

「블레이드 러너」는 1982년 6월 25일 개봉했다.

"일단 눈에서 네온 스모그를 닦아내면 의문이 남는다. 「블레이드 러너」속 디스토피아적 위협의 얼마나 많은 부분이 미국 도시의 골목마다 2개 국어로 쓰인 네온 표시판과 일본어 광고판이 번쩍이는 미래라는 생경한 느낌에서 비롯된 걸까?"

그리고 바로 이틀 전, 디트로이트에서 자동차 공장의 백인 노동자 두 사람이 중국계 미국인 빈센트 친을 몽둥이로 때려죽였다. 그를 일본인이라고 착각한 것이다. "너희 조그만 개자식들 때문에 우리가 일자리를 잃었어."라는 그들의 발언은 「블레이드 러너」 세계에서 드러난 적의의 일부분이다. 두려움과 배척은 항상 기계와 기술의 발전을 동반한다. 누가 그것들을 창조하고 통제하겠는가? 그리고 누가 사람들을 보호하겠는가? 이러한 생각이 사이버펑크의 핵심을 이루고 도쿄를 디스토피아로 바라보는 시각에 위협감을 주입한다.

오늘날 바퀴로 구르는 로봇은 없지만, 도쿄를 장식으로, 그리고 위협으로 환기시키는 미화된 풍경을 걸어 다니는 스칼렛 요한슨이나 다른 백인 캐릭터를 생각하면 이런 류의 영화 속 상상의 세상들은 서로 크게 다르지 않다.

「블레이드 러너」가 개봉되고 6년이 지났을 때, 오토모 가쓰히로라는 일본인 애니메이터가 이 영화를 오마주하며 2019년의 도쿄를 배경으로 디스토피아를 그렸다. 하지만 「아키라」는 핵폭탄이 도쿄를 휩쓸며 3차 대전이 끝나고 31년 후에서 시작한다. 이 획기적인 애니메이션에서 네오도쿄는 오늘날 도쿄처럼 2020년 올림픽을 준비하고 있다. 맥락에서 벗어난 생각이지만 가치 있는 질문을 던져보자. 어째서 우리는 디스토피아의 해가 다가온다는 생각에 흥분하는가? 오프닝 시퀀스에서 빨간 점프슈트를 입은 소년 카네다가 빨간 오토바이를 타고 질주하는데, 바퀴에서 초록색 전자파가 번쩍인다. 그는 찌그러진 차들로 가득 찬 네오도쿄 거리를 거침없이 달린다. 고층 건물은 안에서부터 핏빛 빨강, 오렌지, 빛바랜 초록의 빛을 발하고, 에비스 신은 홀로그램 광고에서 혼자 깔깔대고 있다. 도쿄에 온 걸 환영한다. 사이버펑크 미학이 구현된 곳이다. 하지만 오토모 가쓰히로가 1993년 인터뷰에서 밝혔듯, 영화에서 도쿄를 캐릭터로 보여주는 데 전념한 그가 그려낸 사이버펑크이다.

"그의 카메라 각도는 꽤나 억압적이다. 그래서 우리는 늘 올려보는 느낌을 받는다." 터프츠 대학교에서 수사법과 작문을 가르치는 수전 네이피어 교수가 말한다. "그 도시가 애니메이션에서만 하나의 독립체로서 모습을 드러낼 수 있으며, 도시 자체가 화면을 채운다." 네이피어는 비현실적이고 불가능한 면을 강조하는 애니메이션의 재미는 공상과학 소설과 디스토피아의 이상적인 수단이라고 주장해왔다. 그녀가 육체에 대해 말하고 있는 것일 수도 있지만 (「아키라」에서 안티히어로의 몸은 잊지 않을 만큼 그로테스크하게 변형된다), 그녀의 주장은 도시 풍경에도 적용될 수 있다. 영화의 첫 11분 동안 하늘이 나오지 않는다. 빌딩 사이는 더 많은 건물로 채워지고, 심지어 카메라가 뒤집혀도 고층건물만 보일 뿐이다. 밀실공포증이 느껴질 정도다.

디스토피아와 종말론적 이야기에는 떠나는 것이 불가능하다는 생각이 담겨 있는 경우가 많다. 도쿄의 모호한 경계, 그 끝없음은 특히 이러한 주제에 잘 어울린다. 「신고질라」 같은 종말론적 영화에서 첫 번째 위기는 공항 폐쇄이고, 뒤이어 기차와 자동차 도로까지 끊긴다. 고질라만이 내키는 대로 갈 수 있다.

수전 네이피어는 "도쿄는 무엇이든 투사할 수 있는 무정형의 실체"라고 언급한다. 그녀는 제3 신도쿄라는 도시를 배경으로 한 종말론적 애니메이션 시리즈 「신세기 에반게리온」에서 이 도시의 경관은 어디서든 볼 수 있는 일반적인 모습이며, 바로 이 도시보다 더 유명한 후지산도 등장한다고 덧붙였다. 윌리엄 츠이도 동의한다. "도쿄에 뚜렷하거나 유명한 스카이라인이 없는데도 시각적인 시대에 이처럼 종말론의 애호가가 된 사실은 놀라운 일이다."

「아키라」에서 권력은 대령이라는 인물에 투사된다. 그는 국회의 밀실부터 하늘까지 도쿄 어디든 혼자서도 오갈 수 있는 기동성을 가진 군인으로, 신비

한 인물의 엄청난 초능력을 통제하고 파멸로 이끌려는 이들을 막는 데 전념하지만 성공하지 못한다. 작품에서 왜소하며 열등감 있는 안티히어로인 테츠오는 폭주족 찌질이로 처음 소개되는데, 점차 커지는 초능력을 통제하는 능력을 갖추게 된다. 도쿄를 불태워버린 오시치 야오야처럼, 테츠오는 그 작은 몸으로 일으킬 수 있는 파괴에 감동하고 황홀해하기까지 한다. 이는 새로 지어진 올림픽 경기장에서 둘 사이의 마지막 결전으로 이어지고, 경기장은 물론이며 네오도쿄 대부분도 모든 걸 파괴하는 백색 빛의 궤도에 삼켜지며 막을 내린다.

그리고 도쿄는 다시 붕괴된다. 하지만 도쿄는 에도의 화재, 고질라의 광란의 파괴 이후 언제나 그랬듯 무릎에 묻은 파괴의 흔적을 털어내며 일어난다. 사이버펑크에서 그려낸 디스토피아에서 도쿄는 재건하고 살아남는다. 적어도 2019년까지는. 도쿄도가 만든 2020년 도쿄 올림픽 홍보물에서 「아키라」의 네오도쿄가 현재 스카이라인을 이루는 비슷한 건물에 접목되었음을 확인할 수 있다. 파멸의 사상이 팔린 것이다. 순화되긴 했지만 말이다. 홍보 영상은 네오도쿄가 화염에 휩싸이는 장면 대신, 일반적인 불꽃놀이 장면을 넣었다. 그랬더라면 일본 정치인이 중얼대며 이 업보에 대해 머리를 싸매고 고민했을 거다.

「아키라」에는 과학자와 대령이 유리 엘리베이터를 타고 금지된 녹색 네온이 널리 얽히고설켜 있는 도쿄를 내다보는 장면이 있다. 과학자가 대령이 항상 이 도시를 싫어한다고 생각했었다고 말하자 대령이 대답한다. "건설에 대한 열정은 식었고 재건의 기쁨은 잊었다. 이젠 어리석은 쾌락주의자들로 이루어진 쓰레기 더미일 뿐이오." 과학자가 대꾸한다. "그렇습니다. 하지만 당신은 여전히 그 도시를 구하려 하고 있지 않습니까."

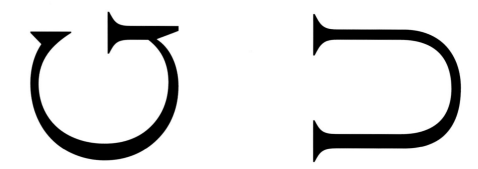

세계에서 가장 인구가 많은 도시를 어떻게 여행할까? 유산과 혁신을 찬양하고 각각의 모범 사례를

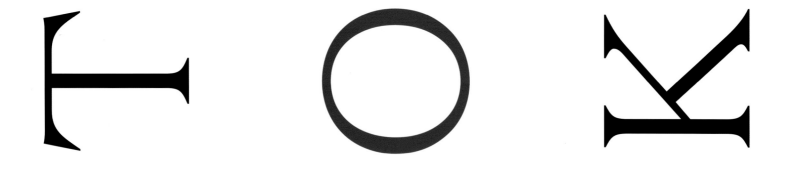

백방으로 수소문하는 가이드와 함께라면 걱정 따윈 필요 없다.

Takemura:

다케무라

가족 찻집

쇼와 시대 초기 지어진 다케무라는 1930년 1월 25일 처음 문을 연 이래, 찻집과 다과점으로 운영되고 있다.

"아버지가 이 가게를 세우셨습니다." 아버지와 형에 이어 세 번째로 이 사업을 맡고 있는 호타 마사아키가 말한다. 이 찻집은 새알심을 넣은 단팥죽을 전문으로 한다. "아버지가 화과자 제조자여서, 처음엔 화과자와 단팥죽을 팔았죠. 하지만 전쟁 중에는 설탕을 구하기 어려워서, 일주일에 2,3일밖에 문을 열지 못했습니다." 호타가 설명한다.

메뉴에는 일본의 인기 화과자가 있다. 단팥죽 외에 쿠즈모찌감자 전분으로 만든 삼각형 모찌와 다른 인기 있는 전통 간식을 판매하며, 전부 입을 가실 수 있도록 진한 녹차와 함께 제공된다.

다케무라의 이름은 그 재료를 반영한다. 문자 그대로 대나무 숲을 의미하는데, 가와라 기와지붕을 얹고 대나무로 집을 둘러싼 낮은 담과 쇼지 미닫이문의 나무살을 만든 전통 목조건물이다. "단팥죽은 개업할 때부터 판매한 오래된 메뉴입니다. 집에서 만든 특산품이니 들러서 한번 드셔보세요." 호타가 자랑스레 말한다.

1-19 칸다 스다초 치요다구 도쿄 101-0041

1-19 Kanda Sudacho Chiyoda-ku Tokyo 101-0041

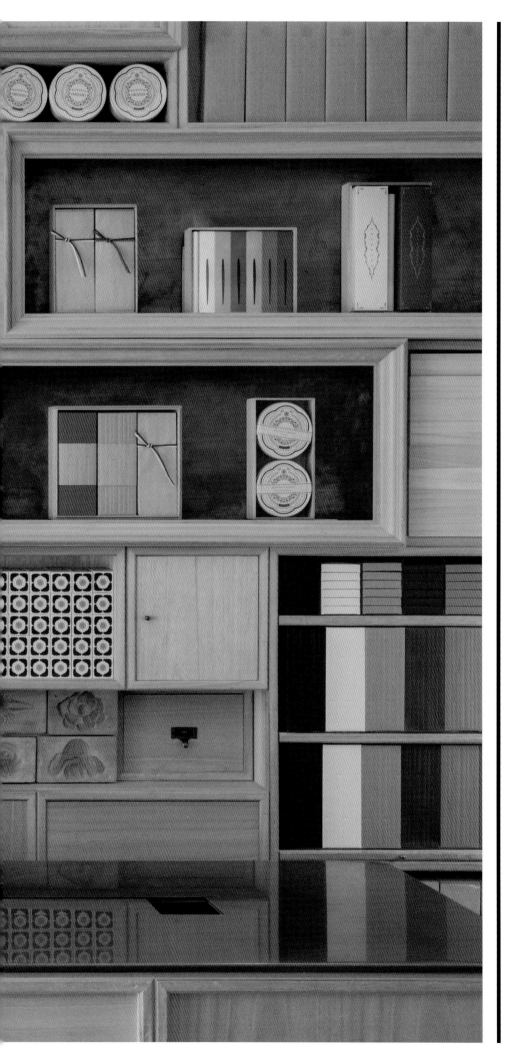

2.

Higashiya Ginza:

히가시야 긴자

계절 과자점

세련된 사람들이 오가는 긴자의 넓은 거리에 히가시야 긴자가 있다. 정교한 화과자, 일본에서 녹차에 곁들여 내는 정제된 단 과자를 만드는 상점 겸 찻집이다. (히가시야라는 이름은 과자점이라는 뜻이다.)

각각의 과자는 몇 입 거리도 되지 않지만, 함께 제공되는 작은 대나무로 찍어 먹다 보면 작은 새가 모이를 먹는 기분이 느껴진다. 손님들은 옆의 카페에서 차나 술을 곁들여 화과자를 먹어볼 수 있다. 과자는 계절에 따라 변하지만 귤껍질과 한천, 찹쌀로 만든 유자 도묘지칸이나 발효 버터, 견과류, 대추야자 설탕을 섞어 만든 대추야자 과자를 선택할 수도 있다.

가게 디자인은 〈심플리시티〉의 오가타 신이치로의 작품인데, 차려내는 음식만큼 세련됐다. 끈으로 묶은 폴로니아 나무 상자들이 천장까지 차곡차곡 쌓여 있고, 하얀 육각형 타일은 바닥을 환하게 하며 입구의 흰 노렌에는 가게의 문양이 붉게 그려져 있다. 문양 형태는 문손잡이와 천장 조명등, 포장용 둥근 상자에도 새겨져 있다.

폴라 긴자 빌딩 2F
1-7-7 긴자 추오구 도쿄 104-0061

Pola Ginza Building 2F 1-7-7 Ginza Chuo-ku Tokyo 104-0061

3.

Asakura Museum of Sculpture:

아사쿠라 조소관

7-18-10 Yanaka
Taito-ku
Tokyo 110-0001

조각가의 개조된 작업실

박물관이 되기 전 아사쿠라 조소관은 조각가 아사쿠라 후미오가 1907년 도쿄 미술학교를 졸업하고 야나카구로 옮겨왔을 때부터 집이자 작업실로 사용했던 곳이다. 그는 몇 년에 걸쳐 부지를 넓혀 1935년 수리를 마치고 조소학원을 열었다.

현재의 불규칙하게 뻗은 건물은 아사쿠라가 죽고 3년이 지난 1967년 박물관으로 헌납되었다. 강화 콘크리트, 높은 천장, 그의 작업실의 천창 등 서구 양식과 그가 가족과 함께 살던 건물 중심에 정원과 연못이 배치된 일본 전통 목조건물 양식이 혼합된 건물이다. 원래 있던 가구가 보존되어 있는 생활공간에서는 이 예술가의 일상을 들여다볼 수 있다.

"객관적 현실주의"로 불리는 아사쿠라의 작품에는 야나카 이웃들의 모습이 많이 담겨 있다. 그의 가장 유명한 작품 「하카모리」, 혹은 「묘지기」는 근처에서 일하는 한 남자를 모델로 했다. 조각가는 애묘인이기도 해서, 한번에 열 마리 이상의 고양이를 키울 때가 많았다. 박물관 주변에 늘어져 있거나 어슬렁대던 고양이들의 조각상은 예전 온실이었던 난초룸에 모여 있다.

4.

Morioka Shoten:

모리오카 쇼텐

스즈키 빌딩 1F, 1-28-15 긴자 추오구 도쿄 104-0061

Suzuki Building 1F
1-28-15 Ginza
Chuo-ku
Tokyo 104-0061

한 권의 책만 파는 서점

모리오카 쇼텐은 문자 그대로 모리오카 서점이라는 뜻이며, 책을 파는 곳이다. 그런데 책들을 파는 서점이 아니라는 점을 밝혀둬야겠다. 모리오카 쇼텐은 한 번에 한 권의 책만 팔기 때문이다.

설립자인 모리오카 요시유키는 출판 행사에 참석했을 때 하나의 책을 위해 많은 사람들이 온 모습에서 이 서점을 세울 아이디어를 얻었다. "그 결과 출판사는 책을 더 많이 팔았고, 나도 더 많은 책을 팔았다. 독자와 작가는 만남을 즐기게 되었다." 모리오카가 말한다. "하나의 책을 둘러싸고 행복한 분위기가 감돌고 있었다. 그래서, 하나의 책만 있으면 다른 건 필요 없겠다는 생각이 들었다." 그리고 2015년 모리오카 쇼텐을 열었다.

이 서점은 긴자의 한적한 골목에 위치한 작은 흰 공간이다. 거친 콘크리트 벽은 부드러운 흰색으로 칠해져 있으며, 한쪽에는 창문이 났고 다른 한쪽에는 약 서랍이 놓여있다. 매주 책을 선정하며, 빈 공간은 선정 결과에 따른 순환 전시를 위한 깨끗한 캔버스가 되어준다.

초콜릿 요리책을 전시할 때는 파리 초콜릿 가게 느낌으로, 앵무새에 관한 책일 때는 열대우림으로 변신하기도 한다. 모리오카는 말한다. "밖에서는 갤러리처럼 보이겠지만, 절대적으로 책이 중심이다. 각각의 책에 따라 이곳의 이미지가 완전히 바뀌는 것이다."

5.

Hoshinoya:

호시노야

현대식 료칸

멀리서 보면 호시노야가 있는 건물은 유리와 강철로 덮인 또 다른 고층건물 같다. 가까이 가면 강철 파사드에 복잡하게 새겨진 문양이 또렷이 보인다. "에도 코몬이라고 합니다." 호텔의 홍보 매니저 아라이 후미가 설명한다. "에도 시대에는 서민들이 문양을 넣은 기모노를 입을 수 없었습니다. 그래서 에도 코몬이 개발되었지요." 멀리서 보면 단색으로 보이지만 가까이서는 식별할 수 있을 만큼 문양을 촘촘히 반복한 것이다. "금융 지구에 있는 료칸(전통 여관)이라는 점에서 이 두 가지 특징을 다 담으려 합니다."

호시노야 내부는 료칸과 럭셔리 호텔이 뒤섞인 모습이다. 우아하고 널찍하며 길게 뻗어 있는 밤나무판 벽과 내부 장식은 마치 절 같다. 신발은 현관에서 벗어 벽으로 매끄럽게 사라지는 대나무 상자에 넣는다. 객실에는 다다미와 쇼지 미닫이문과 낮은 서양식 가구가 섞여 있다. 프라이버시, 조용함, 편안함이 이곳에서 가장 중요한 테마이다. 이 료칸은 투숙객만 출입할 수 있다. (이 정책은 일본-프랑스 퓨전 요리를 제공하는 식당까지 확대된다) 각 층마다 담당 직원이 상주하고, 그 층에 투숙하는 손님들만 접근할 수 있는 객실 여섯 개와 티 하우스가 있다. 호시노야는 열린 천창 밑에서 한적하게 펜트하우스 온천욕을 즐길 수 있도록 지하 1.5킬로미터에서 온천수를 끌어올린다.

1-9-1 Otemachi
Chiyoda-ku
Tokyo 100-0004

6.

Mihoncho Honten:

미혼초 본점

종이 전시실

판유리창을 통해 거리에서 들여다본 미혼초 본점의 삭막
한 흰색 인테리어는 마치 병원 같다. 하지만 들어가 허리 높
이의 진열장이 규칙에 따라 진열되어 있고 온갖 색감과 무
게, 질감의 종이가 채워져 있는 모습을 보면, 삭막함보다
창조적인 분위기가 느껴진다. 이 공간은 1899년부터 종이
를 만들어온 다케오의 전시관 역할을 한다. 벽면 바닥부터
천장까지 많은 견본품이 쌓여 있는데, 9천 종이 넘는다.

이곳은 종이를 좋아하는 사람들의 꿈의 목적지이다. 그
래픽디자이너, 기록 보관자, 애호가며 문구광들이 이곳에
모여든다. 디자인을 잘 아는 직원들은 명함이 빛을 포착하
기에 적합한 포장지, 개인적 소식을 전하는 데 적절한 두께
의 종이, 제본했을 때 부드러움을 더할 수 있는 고급 화선
지에 대해 조언해준다. 점점 디지털화되어가는 세상에서
다케오는 종이를 통한 감정적 유대감과 종이가 전하는 촉
감에 집중한다.

3-18-3 칸다 니시키초 치요다구 도쿄 101-0054

3-18-3 Kanda Nishikicho Chiyoda-ku Tokyo 101-0054

Yaeca Home Store:

야에카 홈 스토어

4-7-10 Shirokane
Minato-ku
Tokyo 108-0072

집 안에 자리한 숍

시로카네 고급 주택가에 있는 야에카 홈 스토어 근처에는 상업 시설이 거의 없다. 언덕의 조용한 거리에 위치한 이 콘셉트 숍은 예쁘지만 평범한 집의 눈에 띄지 않는 대문 뒤에 숨어 있다. 멋진 나무 가구 몇 점이 거실을 채우고 있고, 빈티지 스피커는 마음을 진정시키는 잔잔한 음악을 이 공간으로 전달하고 있다. 무엇에도 가격표가 붙어 있지 않다.

부엌에서는 한 여성이 유리 뒤에서 키친에이드 믹서를 돌리고 있고, 그녀 앞 카운터에 놓인 쟁반에는 아직 굽지 않은 쿠키가 담겨 있다. 유리 반대편 테이블에는 구운 쿠키가 흰 포장지에 깔끔하게 담겨 가지런히 놓여 있다. 위층의 침실 한가운데는 검은색, 흰색, 카멜, 네이비 색상의 옷가지가 걸린 옷걸이가 서 있다. 일본에서 만들어진 이 제품들은 성의 구분이 없으며 일률적이다. 제품들은 미니멀리즘을 지향하지만 집의 여백에 어울리는 웰메이드 미학이 반영되어 있다. 구석에서 공간을 구분 짓는 커튼은 탈의실을 감춘다. 야에카에서는 적을수록 좋고, 부족함도 아름답고 수준 높다면 그걸로 충분하다.

8.

Papier Labo:

파피에 라보

워크인 디자인 스튜디오

하라주쿠 끝자락에 있는 파피에 라보는 작은 미술품 숍이자 디자인 오피스이다. 선반에는 자체 디자인한 북엔드와 한정판 브릭-아-브랙, 빈티지 일본식 블록 같은 큐리오와 디자인 엽서, 달력, 공책이 줄지어 놓여 있다.

성실한 디자이너 두어 명이 카운터 뒤와 위층 로프트에 앉아 있고, 숍은 파피에 라보의 디자인과 활판인쇄작품을 전시하는 작은 전시실 역할을 한다. 이곳의 디자이너들은 아티스트들과의 협업을 즐기는데, 목판화가 칸 유코와 함께 작업한 2019년 설맞이 카드, 아티스트 히라야마 마사나오의 문양이 그려진 상자, 일러스트 스티커 같은 오리지널 제품을 만들어 전시한다.

파피에 라보는 활판인쇄와 양각 전문이며 나무와 고무 도장을 새길 수도 있다. 계산대는 고객들이 상점을 둘러본 뒤 명함이나 맞춤형 연하장, 문구용품을 주문하기 전 디자이너들과 종이 샘플과 레이아웃을 살펴보는 상담 창구 역할도 한다.

파피에 라보의 디자이너들은 고객의 요구 사항 외에도 그래픽디자인에 대한 상담과 브랜드 로고와 비주얼 아이덴티티 디자인도 한다. 그들의 고객에는 지역 소상인과 사업가들뿐 아니라 〈스투시〉와 〈빔스〉 같은 유명 회사도 있다.

4-8-6 토고시 시나가와구 도쿄 142-0041

4-8-6 Togoshi Shinagawa-ku Tokyo 142-0041

9

SyuRo:

슈로

컨템포러리 크래프트 숍 (현대 공예품점)

도쿄 타이토구의 토리고에에는 수세기 동안 이어온 장인 정신의 흐르고 있다. 금속공들과 신물 제작자들은 오랫동안 이 지역 절과 사원을 섬겨왔고, 가죽공과 직물공들도 오랫동안 이 지역에 터를 잡고 살았다. 디자이너 우나야마 마스코가 슈로를 세우고 기능적이고 단순한 가정용품을 만들어 팔기 시작한 건 바로 이런 맥락에서였다.

과거 작업장이었던 곳에 자리 잡은 슈로는 상점이면서 갤러리 같기도 하다. 슈로의 정신은 패스트 패션과 일회용 제품을 거부하고, 리넨이나 가죽, 돌이나 구리 같은 재료를 사용한다. 이곳에서 파는 물건은 숙련공이 공들여 만들어 오래 사용할 수 있다. 나무 숟가락과 젓가락의 재료는 단풍나무, 일본 참나무, 호두나무이고, 네모난 놋쇠와 구리 캔은 녹이 스는 것을 막기 위해 땜질하지 않고 접는 방식으로 만들었다. 슈로는 또한 베르가못, 샌달우드, 베티베르 같은 유기농 오일을 사용한 중성적 향의 유기농 비누, 샴푸, 모이스처라이저 등도 자체 생산한다.

여기 있는 모든 제품은 모노즈쿠리, 즉 물건 만드는 기술에 따라 만들어지거나 선정된 것이다. 이렇게 아름다운 물건들은 사랑을 담아 잘 관리해 계속 사용해야 한다.

1-16-5 토리고에 타이토구 도쿄 111-0054

1-16-5 Torigoe
Taito-ku
Tokyo 111-0054

10

Lawn:

론

1-2 요츠야, 신주쿠구 도쿄 160-0004

1-2 Yotsuya, Shinjuku-ku Tokyo 160-0004

고전적인 기사텐

기사텐(다방)은 미국식 식당에 대한 일본의 대답이다. 본질적인 요소는 커피, 요기할 만한 음식과 온화한 가정집 분위기다. 요츠야의 론은 전형적인 기사텐으로 담배를 피우고 수첩에 낙서를 끼적이는 곳이다. 둘러봐도 노트북은 보이지 않는다.

주인 오구라 히로아키는 반세기째 주문을 받고 있다. "쇼와 29년, 1954년에 문을 열었습니다." 그가 말한다. "그리고 10년 후 가게를 물려받아 지금까지 50년 넘게 운영하고 있어요."

오구라는 말하면서 한 손으로는 붉은 에나멜 주전자의 커피를 따르고 다른 손으로는 팬에 버터를 녹인다. 스테레오에선 비틀즈의 노래가 흘러나오고 담배 연기가 빨간 비닐 부스 위에 감돌고 있다. 두 구짜리 스토브가 있는 부엌은 요리사 한 명이 들어가면 꽉 찰만큼 좁다. 가운데 서면 사방에 손이 닿는다. 오구라는 달궈진 팬에서 오믈렛을 만들기 시작한다.

처음 온 사람들은 에그 샌드위치와 진한 커피를 시키면 실패하지 않을 것이다. "문을 열 때부터 에그 샌드위치를 팔았어요. 굉장한 인기 메뉴랍니다." 오구라가 오믈렛을 뒤집으며 말한다. "내 생각에 우리 집에서부터 에그 샌드위치 붐이 시작된 것 같아요." 메뉴에는 잼이나 치즈를 곁들인 두꺼운 토스트도 있다. 여기엔 하이볼이나 진피즈 같은 간단한 음료를 곁들이면 딱 좋다.

11.

Okomeya:

쌀 전문가

토고시는 조용한 동네다. 가게의 절반은 문을 닫았지만, 미야카와 쇼핑가를 오가는 발소리와 식료품을 싣고 꼬마 아이를 태운 자전거들이 지나는 소리가 들린다. 최근 문자 그대로 '쌀 가게'라는 뜻의 오코메야라는 작은 가게를 비롯해, 기업가 정신의 고정관념이 흔들리기 시작하고 있다.

이 사업은 이 동네에서 작은 브랜딩 및 디자인 회사 〈오완〉을 운영하는 오츠카 아츠오가 개념화했다. 동네 상권의 쇠락이 안타까웠던 그는 지역 활성화를 위해 오코메야를 시작했다. "조부모님이 토고시에 사셨는데, 돌아가시고선 집이 비어 있었습니다. 그곳에서 내 사무실과 오코메야가 시작됐죠."

오츠카는 쌀 외에 쌀로 만든 제품 판매에도 관심이 있었다. "오코메야에서 파는 쌀은 니가타현의 우오누마에서 친척이 경작한 고시히카리 품종입니다." 오츠카가 말한다. "그곳의 농부들은 쌀을 활용할 방법을 찾고 있습니다. 화장품, 액세서리, 아이폰 케이스나 현미 커피 같은 것들이죠."

가게에서 쌀을 발효한 제품을 파는 카바사와 아츠시는 토고시를 더 활기차게 만들려는 오츠카의 노력을 전한다. "토고시는 침체된 마을이었어요. 어떻게 가게 문을 열게 할 수 있을까?" 그가 말한다. "그게 생각의 출발이었습니다."

4-8-6 토고시 시나가와구 도쿄 142-0041

4-8-6 Togoshi
Shinagawa-ku
Tokyo 142-0041

Essay:
One Up, One Down

에세이: 세워지고, 없어지고

도쿄에는 유통기한 20년짜리 새 집들이 많이 지어지고 있다. 팀 호냑이 이러한 스크랩 앤 빌드 문화와 이 도시에서 건축적으로 가장 대담한 디자인에 대해 탐구한다.

이탈로 칼비노의 「보이지 않는 도시
들」에서 마르코 폴로는 노쇠한 쿠빌
라이 칸에게 자신이 가본 많은 근사한
장소에 대해 이야기한다. 그중 하나가
"다른 크레인을 끌어올리는 크레인,
다른 비계를 수용하는 비계, 다른 기
둥을 떠받치는 기둥"의 집합체인 도시
테클라이다. 테클라의 건설이 왜 그리
오래 걸리는지 묻자, 주민들은 대답한
다. "파괴될 수 없도록 하기 위해서이다."

마르코 폴로가 1976년 칼비노가
방문했던 상상의 도시가 아닌, 일본의
수도를 묘사하는 것도 당연하다. 수천
개의 건축 부지로 이루어진 도쿄에서
는 건축물이 세워지고 수십 년간 사용
되다가 철거되는 게 수순이다. 기존의
틀에 도전하려는 일본인 건축가들이
미약하지만 힘을 얻고 있음에도, 사회
관습, 규제, 세금 문제로 끝없이 건설
과 파괴가 반복되고 있다.

거시적으로 보면 도쿄는 아름다운
도시가 아니다. 이 도시는 키치마저 어
울리는 다채로운 건축양식을 아우르
는 곳이다. 전후 목조건물의 야키토리
가게가 노출 콘크리트 공법으로 지은
맨션과 미러크롬으로 번쩍이는 파칭
코 사이에 끼어 있는 식이었다. 여기에
네온, 형광, LED 표지판이라는 광대
한 숲을 더하고, 스파게티 같은 전선을
캐노피로 덮어씌우고 이를 철길과 순
환도로, 좁은 차선과 교차하면 이 도
시의 건설 환경을 알게 된다. 그리고 사
람들을 잊지 마라. 1,370만 명이 인구
3,800만의 대도시 중심에 살고 있는
것이다.

이러한 속성은 쉽게 암호를 풀 수
없게 한다. 도쿄는 대부분의 거리에 이
름이 없고 주소가 순서 없이, 뒤죽박죽

인 50여 개의 도시가 혼재된 곳이다.
무엇보다 엄청난 규모에 어리둥절해진
다. 줌아웃해보면 각각의 네온 불빛이
도쿄만을 벗어나 지바, 사이타마, 가나
가와를 거쳐 남쪽의 후지산까지 퍼져
있다. 마치 방대한 인공 유기체를 이루
는 수많은 모세혈관 중 하나의 점 같다.
도쿄는 도쿠가와 막부의 권좌로서 역
사상 가장 큰 요새인 에도성의 본거지
였다. 사무라이 시대의 에도는 800개
마을로 이루어진 도시였으며, 서로 해
자와 도로, 기타 방어시설로 연결되었
다. 도쿠가와 막부의 기획자들은 교토
의 중국식 격자 구조는 지양하고, 만을
개간하며 산과 갯벌이라는 자연 지형
을 이용해 유기적이고 집중적으로 요
새화하는 설계를 선호했다. 이 청사진
은 도시를 휩쓴 많은 화재, 에도를 도
쿄로 변모시킨 19세기 말 일본의 근대
화 조치, 1923년 관동 대지진과 1945년
미국의 공습에서도 살아남았다.

"도시 재건이 시작되며 건설업이
성장하고 경제 발전을 이끌었다." 도쿄
이과대학 건축학과 야마나 요시유키
교수가 말한다. "이 산업을 지속시키기
위해 1964년 도쿄 올림픽 같은 국가 행
사가 추진되면서 도쿄의 거듭되는 리
모델링을 보게 된 것이다. 그래서 이 도
시의 건물에는 연속성이 없고, 때로는
기억상실의 도시로 표현되기도 한다."

도쿄에서 가장 파악하기 쉬운 건
건축물의 수준일 것이다. 내가 도쿄에
서 처음 머무른 집은 나카노 뒷골목
의 1960년대 지어진 허름한 아파트
였다. 비좁은 부엌과 식당, 특대형 TV
와 〈세가〉 드림캐스트가 있는 다다미
방이다. 가스난로 근처에 요를 깔고
잤지만, 11월의 한기가 창호지 틈새로

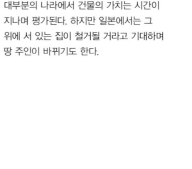

스며들었다. 상인방에 몇 번 이마를 찧은 후 본능적으로 고개를 숙이게 되었다. 그래도 나는 그곳이 좋았고, 아보카도색 유리섬유 욕조에서 종이학처럼 몸을 접고 목욕하는 것도 즐겼다. 신주쿠와 시부야에서 몇 년을 산 뒤, 나는 일본에 처음 왔던 때를 되짚으며 뒷골목을 걷다가 그 건물이 에르사츠 벽돌로 만든 조립식 건물로 바뀌었다는 것만 확인했다.

"고대 일본에서는 가옥이 일시적 거처일 뿐이라고 생각했다." 메타볼리스트계 건축가 구로카와 키쇼는 이렇게 썼다. "그래서 불에 타버리면 쉽게 다시 지을 수 있는 것이다." 일시성과 변화는 도쿄 건축의 특징이다. 목조 주택은 물론이고 철근 콘크리트로 건물조차 40년 이상을 가는 경우는 거의 없다. 오랜 상업 건물은 유서 깊은 유산처럼 여겨진다. 디제이가 턴테이블에 스틸리 댄의 LP를 틀던 카구라자카 지하 공간의 유명 술집은 2011년 지진 후 문을 닫았고, 그 건물은 사소한 구조적 손상을 이유로 철거되었다. 나카메구로에서는 화려한 목조 대문과

세심하게 다듬은 정원이 있던 멋진 고택이 갑자기 저층 콘도로 바뀌었다. 스미다 강가의 옛 게이샤 구역에는 전후 1960년대 일본 정치인들이 샤미센 연주에 사케를 마시며 은밀히 거래를 하던 요릿집이 있었는데, 허물어져 타워 맨션에 길을 내주었다. 어깨를 으쓱하며, 어쩔 수 없지(しょうがない, 쇼가나이)라고 말하지만 여전히 마음은 씁쓸하다.

"이렇게 수명이 짧은 데는 여러 이유가 있지만, 그중에서 22년이 지나면 목조 주택의 재산세 감가상각 기간이 만료되어 부동산이 무가치해진다는 점도 큰 이유다." 야마나가 말한다. "다른 요인에는 내진 설계 준수와 상속세 납부를 위한 매각 등이 있다. 목조 주택의 맞춤형 제작처럼 좁은 토지에 짓는 주택도 빠르게 늘고 있다."

짧은 회전 주기에도 장점은 있다. 많은 단독주택이 〈파나소닉〉, 〈다이와〉, 〈세키스이〉 같은 평범한 유닛을 조립한 건물이지만, 건축가들은 대담하게 맞춤형 주택을 실험하고 있다. 도쿄라는 거대한 미로를 헤매는 방랑자라

면 나무뿐 아니라 콘크리트, 강철, 알루미늄으로 만든 기발한 건축물을 발견할 수 있다.

사소한 창의성이 발휘된 한 예는 산페이 준이치와 〈ALX 건축〉이 2010년 45제곱미터 부지에 지은 '하우스 도쿄'이다. 구멍 뚫린 흰 강철로 덮인 이 건물은 뚜렷한 입구가 없다면 설화 석고 오벨리스크 같다. 밤이면 창이 뚜렷이 보이며 일본 전통 등 모습을 띤다. 내부에는 천창에서 흰색과 회색 표면이 이루어내는 기하학적 콜라주, 노출 콘크리트, 메탈 계단과 유리 다리로 빛이 쏟아진다. 〈하세가와 고 & 어소시에이츠〉가 2010년 완공한 아사쿠사 타운 하우스는 위로 도쿄 스카이트리가 보이는 식으로, 도쿄의 전통 지역에 놀라운 모더니즘을 불어넣었다. 4층짜리 주택은 잠자는 공간으로도 사용가능한 메자닌 위, 그리고 천막을 씌운 옥상 테라스 밑의 개방된 내부 공간 주변에 오프셋 창과 천창이 설치되었다. "외벽의 구멍과 창문으로 인해, 천창의 위치를 바꾸면 위층에서 대각선으로 이웃을 내려다보고 아래층에서 창문을 올려다볼 수 있다." 하세가와가 「개조된 일본 주택」에서 저자 필립 조디디오에게 말했다.

교토공예섬유대학 건축학과 교수이자 고건축물 보존 활동가인 마츠쿠마 히로시는 도쿄 아사쿠사와 야나카 같은 지역에서 진행되는 프로젝트에 한껏 고무되어 있다. "인구 피크에 도달했다가 급속도로 인구감소 시대에 접어든 일본은 건축물 파괴 문제를 직시해야 한다." 그가 말한다. "2020년 도쿄 올림픽, 2025년 오사카 엑스포, 대규모 카지노 건설 등 도심 개발 프로젝트를 진행하는 중에 작은 곳을 소중히 여기는 인식 변화가 일어나기를 바란다. 그러려면 한정된 자원과 인력으로 모두가 서로 의지할 수 있는 생활환경을 구축할 정책이 수반되어야 한다."

올림픽 같은 대규모 행사는 그 나름의 유산을 남기겠지만, 도쿄 사람들은 점차 자신만의 공간을 만들고 어쩌면 보존하는 데까지 열중하고 있다.

대부분의 나라에서 건물의 가치는 시간이 지나며 평가된다. 하지만 일본에서는 그 위에 서 있는 집이 철거될 거라고 기대하며 땅 주인이 바뀌기도 한다.

"도쿄에서 가장 파악하기 쉬운 건 건축물의 수준이다."

4
Directory

Cult Rooms

컬트 룸

제2차 세계대전 후, 수십 년간 지배해온 국수주의에 지치고 새로운 문화의 유입을 두려워한 지도자들에 의해 오랫동안 격리되었던 일본은 외부 사상에 갈망을 느꼈다. 일본인 아버지와 백인 미국인 어머니 사이에서 태어난 예술가이자 조경건축가인 노구치 이사무는 친숙하지만 진보적이라 느껴질 만큼 이국적인 사상을 소개하기에 적합한 배경을 갖고 있었다. 일본에서 자랄 때는 미국인 취급을 받았고, 미국에서 기숙학교와 대학에 다닐 때는 일본인 취급을 받았다 (한동안 샘 길모어라는 백인 미국인 이름을 사용했는데도 말이다). 집 같은 두 곳에서 모두 "이방인 취급을 받은" 경험은 평생 작품 활동을 하며 공감과 활동주의를 드러내는 데 기여했다.

1970년 오사카 엑스포를 위해 메타볼리스트 운동의 창시자인 단게 겐조가 노구치에게 분수 연작 설계를 의뢰했다. 대범한 노구치는 이를 조각이 어떻게 공동체를 자극할 수 있는지를 보여줄 기회로 삼았다. '공간에 대한 꿈'이라는 주제로 디자인한 그의 작품에서 조각품들이 거대한 직사각형 풀에서 분출되어, 물줄기를 동력으로 하늘로 솟구쳐 올라간다. "제트 노즐로 채워진 정육면체, 구체, 원통형 등 12개의 거대한 조각품들이 생동감 있게 춤추며, 밤이면 극적으로 빛을 발하는 분수 공연을 보여준다." 오랫동안 미네아폴리스의 워커아트센터 관장을 역임한 마틴 프리드먼은 이렇게 썼다. 「혜성」이라는 제목의 정육면체 조각 하나는 30미터 상공으로 솟아오르고, 「우주선」이라는 제목의 두 개의 애니마트로닉스 반구체는 위아래로 움직이며 사방으로 물을 쏘아댄다. 엑스포를 위한 핵심 조형물이자 오늘날 190억 달러에 달하는 비용이 투입된 세계 박람회 사상 가장 크고 비싼 작품이었다.

불교 풍수지리설에 따라 돌과 물을 신중히 배치하는 것은 일본 정원의 전통적인 특징이다. 서양식 정원과 공공미술에서 분수는 물이 담긴 풀과 일정 패턴으로 물을 뿜어내는 조각상으로 구성된다. 노구치는 동적인 디자인에서 자신의 개성뿐 아니라 양쪽의 전통을 모두 창조적으로 구현했다.

예술에 사회를 발전시킬 잠재력이 있다고 믿는 노구치는 1930년대 멕시코에서 자신의 포퓰리즘적 작품의 배출구를 찾았다. 그는 디에고 리베라와 협업으로 멕시코시티의 아베라르도 L. 로드리게스 시장에 거대 벽화를 그렸다. (그리고 리베라의 아내 프리다 칼로에게 그의 연인 취급을 받았다.) 2차 대전 동안, 그는 미국에 살고 있는 일본인들이 이주된 강제수용소 중 한 곳인 포스톤 수용소에 자원해 들어갔다. 뉴욕의 정식 거주자였기에 면제 대상이었지만, 그는 연대감을 표현하고 정부가 승인한 수용소 미화 임무를 수행하기 위해 포스톤에 들어갔다.

경력 내내, 노구치는 자신이 징계를 두려워하지 않는 예술가임을 입증했다. 아마 젊은 단게의 존경을 끌어낸 건 바로 그런 면이었을 것이다. 그는 자신과 메타볼리스트 운동 동지들이 이름을 떨치게 되는 거창한 건축 프로젝트들을 도와달라고 선배 노구치를 자주 초빙했었다. 단게는 히로시마 평화기념공원을 비롯해 몇 가지 프로젝트를 함께한 뒤, 1970년 오사카 엑스포 설계 계약을 따내자 다시 노구치를 찾았다.

노구치의 분수는 1970년 9월, 엑스포가 끝나며 꺼진 후 내내 휴면 상태였다. 지난해 오사카 시정부는 문화 보존의 일환으로 여섯 개를 개조하겠다고 발표하며 다시 전원을 켰다. 노구치는 30년 전인 1988년 세상을 떠났기에 그의 떠 있는 분수가 다시 흐르는 걸 볼 수 없었다. 그는 죽기 전 미국 국가예술훈장과 일본 정부로부터 서보장瑞宝章을 받았다. 모두 감사와 인정을 의미하는 훈장이었다. 마침내 노구치는 두 세계 모두에서 집에 있는 느

1970년 화려한 오사카 엑스포를 위해 노구치 이사무는 솟구치는 조형물을 설계했다.

Photograph: © Michio Noguchi,
Courtesy of The Isamu Noguchi
Foundation and Garden Museum,
New York / ARS

BELLA GLADMAN

Suzie de Rohan Willner

수지 드 로한 윌너

〈토스트Toast〉는 1997년 웨일즈의 헛간에서 잠옷과 라운지웨어 통신판매 회사로 출범했다. 단순하지만 풍요로운 삶이라는 비전은 20년 후 세계적인 사업으로 성장하게 된 정신이었다. 〈토스트〉는 천연 질감, 유기농 색감, 편한 제품을 특징으로 내세워 최신 컬렉션만큼이나 오랜 물건을 소중히 여기는 헌신적인 팬을 얻었다. 올해 〈토스트〉는 자신들의 전문지식을 활용해 신인 디자이너들을 후원하는 장기 프로젝트 뉴 메이커스New Makers를 시작한다. 2015년 CEO로 합류한 수지 드 로한 윌너에게 인재 육성과 〈토스트〉의 '느린' 기풍을 직장 생활에 확장하는 일의 중요성을 듣는다.

BG: 〈토스트〉는 침대 시트부터 니트웨어까지 모든 걸 만든다. 일관된 철학은 무엇인가? **SRW:** 고객과 이야기 나눌 때 그들이 제일 먼저 하는 말은 〈토스트〉를 경험할 때면 속도를 늦춘다는 거다. 가게에 서 있든, 우리 옷을 입고 있든, 아니면 손으로 빚은 머그잔을 들고 있든 간에. 우리의 색, 질감, 사진의 속도감은 전부 다르다. 일상생활의 속도와는 다른 느낌이다.

BG: 그 철학을 사무실에도 전하나? **SRW:** 그렇다. 현재 우리가 하는 모든 일에 그 철학이 담겨 있다. 우리가 소맷부리 다듬기, 어깨 주름장식, 단의 형태 등 결정 하나하나를 내릴 때마다 얼마나 노력하는지 사람들이 알면 깜짝 놀랄 거

다. 또한 편물공, 방직공부터 도예가, 작가, 화가에 이르기까지 함께 일하는 모든 사람을 알기 위한 시간도 갖는다. 런던 사무실에서는 한 달에 한 번, 모두가 커다란 나무 식탁에 모여 영감을 주는 연사들의 이야기를 듣는다.

BW: 매우 바쁜 사람에게 느림이란 어떤 모습일까? **SRW:** 최근 내 딸이 이렇게 말했다. "엄마, 일과 개인 생활을 구분하지 못하겠어!" 그 아이 말이 맞다. 나는 열정적으로 일을 하지만 애써 나 자신을 위한 시간을 마련한다. 1년에 한 번 휴식 시간을 갖는데, 일어나 명상하고 요가를 한다. 화려한 가구나 사무실 벽에 걸린 〈토스트〉 제품 등 주변의 아름다운 것들을 잠시 멈추는 도구로 사용한다.

BG: 〈토스트〉의 단순한 미학을 고려할 때, 반복하지 않기 위한 확실한 방법은? **SRW:** 우리에겐 사랑하고 시간의 시험을 견뎌낸 윤곽이 있지만, 그 안에는 항상 흥미진진한 새로움과 변주가 들어 있어서 그것이 블랙마운틴 칼리지이든, 잉그리드 버그만이든, 조지아 오키프든 간에 특정 시대나 스타일에 달리 반응한다. 우리는 신인 디자이너 지원하기 위해 뉴 메이커스 프로젝트를 시작했다. 우리의 전문지식과 그들의 기술을 공유할 발판이 되어주고 싶다. 그들에게 상당한 이익이 되겠지만, 우리에게도 도움이 된다. 그들의 기술을 배우고 그들이 일하는 열정을 목격하는 것만으로도

말이다.

BG: 요즘 슬로우 패션이 인기인데 어떻게 생각하나? **SRW:** 정말 좋은 일 아닌가? 〈토스트〉는 오랫동안 그렇게 해왔다고 떠들 필요 없다. 우리는 늘 걸어온 길을 따라 계속 갈 뿐이다. 나는 일방적으로 생각을 지시하기보다는 제안하는 걸 좋아한다. 개인적으로, 〈토스트〉는 오래 입은 옷을 즐기는 방법을 가르쳐주었다. 파리의 젊은 여성으로서 나는 패션의 희생자였다. 옷 사느라 돈을 탈탈 털곤 했다. 하지만 이젠 더 이상 그러지 않는다! 우리는 고객들에게 일본 전통 누빔과 수선 기술을 가르친다. 이런 식으로 오래된 옷에 새 생명을 불어넣을 수 있다.

BG: 〈토스트〉 옷 중에서 두고두고 입을 만큼 좋아하는 옷이 있나? **SRW:** 칸타 퀼트 코트다. 원래 침실복에서 시작되었는데 요즘은 아웃웨어로 입는다. 우리 어머니도 코트로 입으셔서, 그렇게 이름을 바꿨다! 그건 재활용된 사리 조각들로 만들었기 때문에 무엇을 얻게 될지 정확히 알 수 없다.

나는 그걸 입을 때마다 멈춰서 그 안에 담긴 디테일을 알아차린다. 훌륭한 기술에 감탄하고 감사하게 하는 사소한 부분이다. 이런 옷들은 기쁨을 가져다주고 삶의 속도를 늦추게 한다. —

이 기사는 〈토스트〉와 파트너십으로 작성되었다.

로한 윌너는 옷차림이 관점에도 영향을 줄 수 있다고 생각한다. 그녀는 강연을 할 때면 칸타 퀼트 코트를 입는다. 그 옷이 진지함을 전하는 것 같기 때문이다.

ELLIE VIOLET BRAMLEY

Power Showers

샤워의 힘.

좋은 아이디어가 물속을 흐르는 이유.

당신이 이제 막 잠에서 깨었든, 잠자리에 들려 하든, 달리기로 땀투성이이든, 추운 길을 걸어와 몸을 녹여야 하든 간에 샤워는 활기를 되찾게 하는 기쁨의 행위다. 샤워는 생각에 잠기기 좋은 장소가 되기도 한다. 인지 과학자 스콧 배리 카우프먼이 2016년 발표한 연구에 따르면, 72%의 사람들이 샤워 중 좋은 아이디어를 떠올린다고 한다. 좋은 아이디어뿐 아니라 특이한 것도 있는 레딧 Reddit을 길잡이로 삼아 살펴보자. 온라인 포럼의 "샤워중생각Showerthinks" 커뮤니티는 1,630만 명이 "사소한 깨달음"을 공유하는 모임이다. 게시물은 "당신은 우주의 초기부터 존재해왔지만 의식을 얻고서야 그 사실을 깨달았다."는 식의 존재론적 내용부터 "젠가 블럭을 만들기 위해 베어진 나무들은 반복적으로 자신의 죽음을 다시 체험할 수밖에 없다."는 실없는 내용까지 다양하다. 또는 스눕독이 트위터 팔로워들에게 말한 것 같은 내용일 수도 있다. "나는 한 시간 동안 샤워실에 앉아 메르세데스의 세 개의 E를 어떻게 전부 다르게 발음하는지 생각했다."

어째서 욕실은 혁신적이고 의미 있거나 얼토당토않은 생각을 하기에 좋은 장소가 될까? 명상적인 물의 흐름 때문일까? 어쩌면 직립 자세가 활동적인 마음을 고무시키는 건지도 모르겠다. (수평적인 자세가 몸과 마음을 늘어지게 하는 목욕과는 다르다.) 아마 둘 다일 것이다. 그리고 특정 아로마는 기억과 경계심을 촉진시킨다고 알려져 있으므로, 로즈메리 향 샴푸를 사용하는 것도 도움이 된다. 카우프먼은 "최고의 성과"에 대해 또 다른 설명을 제시한다. "느긋하게 혼자 즐기는 샤워는 마음을 자유롭게 방황하게 함으로써 창의적인 사고를 할 여유를 준다." 마음을 열고 내면을 들여다보는 것이다. 어떤 과학자는 "행복 호르몬" 도파민 영향이라고 여긴다. 따뜻한 물줄기가 이를 자극해 좋은 생각이 떠오르게 한다는 것이다.

샤워는 지금까지의 속도와 분위기를 완전히 바꾸는 것이며, 설령 서둘러야 하더라도 대개 자동조종으로 바꿀 수 있으니 샤워하는 동안 씻는 행위에 대해 생각하지 말라. TV, 라디오, 대화 같은 다른 방해물처럼 핸드폰 확인도 힘든, 하루 중 한 번의 순간이다. 짧건 길건, 샤워는 당신의 마음이 정처 없이 떠돌 수 있는 기회이다. 그럴 생각이 든다고? 이제 샤워꼭지를 틀 때가 된 것 같다.

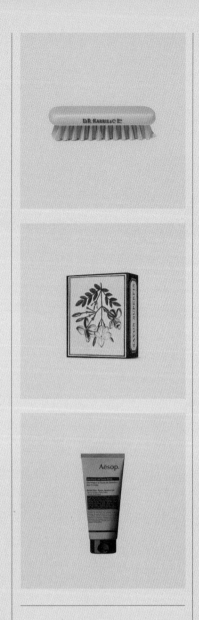

위기의 비누
by Harriet Fitch Little

비누 산업이 위태롭다. 2010년부터 2015년 사이에 미국 내 막대 비누 판매량이 5% 감소했다. 이러한 변화는 공격적인 고급 마케팅이 가능한 대체제인 액체 비누의 폭발적인 성장에도 원인이 있다. (기억하라. 광고계가 샤워젤을 여성뿐 아닌 남성에게도 팔 수 있다는 걸 깨달은 건 불과 10년 전이다.) 막대 비누 사용 감소는 역설적이게도 청결에 대한 강박관념 때문이다. 막대 비누 표면의 박테리아가 씻는 과정에서 다른 쪽으로 옮겨갈 수 있다는 증거가 거의 없음에도, 이제 막대 비누는 비위생적인 것으로 간주된다. 아마도 구원은 성장하는 환경 의식일 것이다. 젤과 달리, 막대 비누는 포장이 필요 없으니 말이다. (위: 네일 브러시 by 〈D R Harris〉, 가운데: 슈퍼핀 멕시칸 튜베로즈 by 〈Buly1803〉, 아래: 제라늄 리프 바디 스크럽 by 〈Aesop〉)

Left Photograph: Flora Maclean. Right Photography: Courtesy of Mr Porter and Aesop.

인기 상품의 시원한 역사.

천연원소로서의 얼음은 약 24억 년 동
안 지구에 붙어 있었다. 상품으로서의
얼음은 최근에 생긴 것이다.

수세기 동안 부유한 지주들을 위해
남겨둔 사치품이었고, 다과보다는 음
식물 보존용으로 사용되었다. 모든 것
이 바뀐 건 1805년, 젊은 프레드릭 튜더
가 그의 부유한 보스턴 가족의 여름 파
티에서 아이스크림과 시원한 음료를 즐
기며 서인도 제도의 식민지 주둔군이
자신을 얼마나 부러워할까 생각하면서
였다.

튜더는 얼음의 상품화에 집착했다.
그의 초기 계획은 이론상 훌륭할 뿐, 실
행해보니 처참한 것으로 판명되었다.
그는 가문 영지의 연못에서 사람들이
한 번도 본 적 없는 곳, 카리브해 지역으
로 얼음으로 옮기기로 결심했다. 단열
을 위해 짚으로 포장된 130톤의 얼음은
1806년 2월 마르티니크까지 옮겨졌지
만 저장 시설이 없는 탓에 금세 녹고 말
았다.

하지만 튜더는 포기하지 않고 계속
도전했다. 녹지 않도록 톱밥으로 얼음을
단단히 포장하고, 지역주민들을 고용해
항구 근처에 얼음집을 지었다. 또한 직접

세일즈에 나서 "첫 잔은 무료"라는 악명
높은 판매 기법을 펼치며, 저녁 식사 때
손님들에게 시원한 음료를 제공하고 바
텐더들에게는 손님들이 차가운 음료를
선호한다고 설득했고 요리사들에게는
아이스크림 만드는 법을 가르쳤다.

마침내 튜더는 모든 기업가들이 갈
망하는 패러다임의 전환을 이루어냈다.
그는 혼자 힘으로 얼음을 겨울철의 미
끈한 부산물에서 1년 내내 필요한 수익
성 높은 상품으로 변신시켰다. 그가 현
장 감독으로 영입한 나다니엘 와이어스
는 말이 끄는 쟁기로 얼음 수확의 일대
혁명을 일으켜 생산량을 세 배로 늘렸
다. 미국 남부에서 얼음집 네트워크가
자생적으로 생겨나, 곧 이 지역의 미국
인들은 무더운 여름 동안 얼음 없이 살
수 없는 지경이 되었다.

1840년대에 이르자, 얼음이 전 세계
로 운송되고 사람들은 튜더의 방식을
모방했다. 그의 진취적인 아이디어는 냉
장고, 냉동고와 준비 완료된 큐브의 도
래를 가져왔다. 그가 앞을 내다본 것이
었음이 판명되었다. 필수품으로 마케팅
하고, 포장해주면, 사람들은 돈을 지불
한다. 생수라고 생각한 사람, 손!

KATIE CALAUTTI

Object Matters: Ice

문제적 물건: 얼음

Photograph: Aaron Tilley, Set Design: Niklas Hansen, Ice Styling: Tara Garnell

아티스트이자 런던 키네티카 뮤지엄의 공동 창립자인 다이앤 해리스가 스위스의 무모한 천재 아티스트 장 팅겔리에 대해 말한다.

DIANNE HARRIS

Peer Review

동료 평가

행위예술이라는 개념을 창안하고 소개한 사람은 장 팅겔리다. 그는 1950년대부터 독립적으로 움직이며 그 자체가 작품인 조각 기계를 만들어냈고, 그렇게 함으로써 아티스트의 역할을 재창조했다. 조각 작품 「뉴욕 예찬」은 스스로 파괴하기 위해 만들어졌다. 그는 또한 기계 팔로 추상 데생을 그리는 자율적인 예술 로봇인 「메타매틱」을 여러 점 만들었다. 이 기계들이 생산해낸 음모와 불확실성은 미래 세대의 예술 발전에 중추적 역할을 했으며 아티스트들이 새로운 기술로 작업할 수 있는 길을 닦았다.

나는 2006년 토니 랭포드와 함께 키네티카 뮤지엄를 설립했다. 90년대 초반 미술 학교를 떠난 뒤 영화계에서 일했다. 프랑켄슈타인, 해커스, 저지 드레드 등을 작업했고, 샌프란시스코에 살다가 1990년대 실리콘밸리와 로봇 혁명에 대한 반발에 사로잡혔다. 어떻게 인간과 기계가 하나가 될 수 있는지 관심이 있었고, 현실 융합이라는 아이디어는 내게 언제나 큰 관심사였다.

지난 12년간 키네티카는 새로운 매체로 실험하는 혁신적이고 다분야적인 아티스트들을 소개하는 선도적인 국제 플랫폼 역할을 수행했다. 우리는 또한 키네틱 아트와 그 개척자들의 역사적 계보를 전시하는 데 집중하고 있다. 팅겔리는 오늘날 키네틱 아트를 하는 모든 이들에게 엄청난 영향을 미쳤다. 우리 전시 중 하나에서 아티스트 팀 루이스는 달리의 서명을 반복해서 쓰는 자율 로봇을 전시했다. 고철, 조각된 나무, 고물 기계를 조합해 만든 작품인데, 바젤의 팅겔리 박물관에서도 전시되었다. 또 다른 한 쌍의 아티스트 벤 패리와 자크 쇼샤는 일상생활의 움직이는 폐기물로 뒤덮은 우유 트럭을 불협화음의 오케스트라로 표현한 작품, 움직이는 「소닉 정크 머신」을 만들었다. 그들은 팅겔리에 경의를 표하며 이 차를 운전해 런던 구석구석을 달렸다.

지난 15년간 키네틱 아트가 크게 부활했다. 키네티카는 새로운 재료와 기술을 사용하며 새로운 아이디어를 창조해내기 위해 이를 비틀고 전복하는 아티스트들을 소개하며 그 발전에 상당한 역할을 했다. 아티스트들은 어떠한 경계에 얽매이지 않고 자유롭게 실험함으로써 늘 혁신과 발전의 최전선에 자리한다. 팅겔리는 스스로 작동하는 기계를 만들어냈다. 혁명적인 아이디어 아닌가!

Photograph: Robert Doisneau/Gamma-Rapho/Getty Images

Left Photography: Courtesy of Menu, Apparatus and Marset. Right Photograph: Ernst Haas/Ernst Haas/Getty Images

영원한 불꽃
by Harriet Fitch Little

적어도 한 세기 동안 상처 입은 연인들은 '토치 송'으로 알려진 슬픈 발라드를 부르며 이별을 치유해왔다. 아델이 「Someone like You」에서 "네가 내 얼굴을 보기를. 그리고 내게 끝나지 않았다고 상기시켜주길 바랐어."라고 노래하듯 말이다. '토치 송'이라는 표현은 누군가를 위해 "횃불을 든다"는 말에서 유래했다. 1920년대엔 돈을 번다는 뜻이기도 했다. 그 기원을 결혼을 축하하며 횃불을 밝혔던 고대 그리스 전통에 연결하려는 시도도 있었다. 보다 그럴듯한 건, 상처받은 마음을 시적으로 그려낸 방식이라는 해석이다. 사랑이 두 사람을 하나로 빛나게 하는 불이라면, 혼자 드는 횃불보다 외롭고 슬픈 불의 느낌에 적합한 것이 무엇이겠나? (위: 캐리 LED 램프 by 〈Menu〉, 가운데: 네오 랜턴 by 〈Apparatus〉, 아래: 비코카 포터블 램프 by 〈Marset〉)

CHARLES SHAFAIEH

Drill Down

드릴 다운

도시의 미래는 지하에 있는가?

유엔은 2050년이면 세계 인구 3분의 2 이상이 도시에 살 거라고 예측한다. 많은 건축가들은 도시 유입에 대한 매력적인 대응책은 수직으로 건설하는 것이라고 생각한다. 하지만 높아질수록 노골적으로 허세를 드러내는 초고층 빌딩을 세워 하늘의 식민지화를 계속하기보다, 반대 방향으로 건설해보는 건 어떨까?

지하로 간다는 생각이 지지를 얻고 있다. 예를 들어, 멕시코시티에서 건축 회사 〈BNKR Arquitectura〉가 "지하도시earthscraper"라는 65층 역전 피라미드를 제안했다. 아즈텍 역사를 생각하면 콘스티투시온 광장 아래 5천 명을 수용할 수도 있을 것 같다. 싱가포르와 다른 아시아 대도시들도 인구 증가에 대응해 지하 탐사를 시작했다. 이런 접근은 지하에 매장지거나 임시로 잠깐 지내는 공간, 혹은 혹한이나 폭염 같은 날씨, 전쟁을 피하는 피난처라는 개념을 밀어낸다.

그럼에도 이러한 혁신은 "지하 세계"에 대한 초월적인 정체성을 유지한다. 지하에 살면서 얻은 프라이버시는 오랫동안 은밀한 행동을 유발해왔다. 방탕함이 영국 시골에서 발견된 동굴 전체에 울릴 법한 화가 윌리엄 호가스가 포함된 18세기 상류층

남성들의 모임인 헬파이어 클럽이 그 예다. 21세기에는 고립이 방탕이 아닌 근본적 매력을 지닌다. 과도한 감시가 이루어지는 세상에 거주자들을 전시하는 초고층 건물과 반대로, 지하 공간은 프라이버시와 고독의 장소가 될 수 있다.

창문의 부족과 미로나 혈관처럼 복잡하게 얽힌 지하 공간은 시간과 공간 감각을 혼란스럽게 한다. 이러한 특징들은 문자적으로나 상징적으로나 여정을 준비하게 한다. 헬싱키의 라시스팔라스티 광장 아래 1,300제곱미터 규모의 아모스 렉스 미술관 같은 예술 기관을 설계한 건축가들이 매료되는 것도 당연하다. 본질적으로 이상하고 방향감각을 잃게 되는 이런 공간은 모호함을 강조하고 수수께끼 같은 경험을 선사한다. 고대 문화도 이러한 잠재성을 파악했는데, 호메로스의 「율리시스」나 베르길리우스의 「아이네아스」를 비롯해 산 자들이 지하 세계로 여행하는 신화에서 명확히 드러난다. 고대 그리스어로 '카타바시스'라고 불리는 이 여행은 깊은 자기성찰과 변신의 계기를 마련해준다. 나무에 핀 꽃처럼 우리가 볼 수 있는 것에 집중하기보다, 지하로 가겠다는 생각은 땅에 묻힌 우리의 단단한 뿌리를 생각하게 한다.

ANNA GUNDLACH

Crossword

가로열쇠

1. 일본의 전통적 미의식. 불완전의 미학. 투박하나 유유자적, 고요한 상태.
3. 일본 전통 무사.
5. 2020 올림픽 경기장 설계를 맡은 일본의 건축가.
7. 동방을 여행하고 「동방 견문록」을 남긴 이탈리아의 상인.
9. 미국의 재즈 트럼펫 연주자, 「What a Wonderful World」 등의 유명작을 남겼다.
11. 몽골족의 이동식 집.
12. 20년이 넘도록 연재 중인 일본 만화. 밀짚모자 루피와 동료들이 보물을 찾아가는 이야기.
13. 테세우스가 이곳에 갇힌 괴물 미노타우로스를 물리친다.
18. 일본 애니메이션의 거장, 「이웃집 토토로」, 「센과 치히로의 모험」 등의 대표작이 있다.
22. 사물의 도리를 꿰뚫어보는 뛰어난 지혜를 가진 사람.

23. 북유럽 신화 속 천둥의 신.
25. 김치나 깍두기를 담는 그릇.
26. 관청에 나가 나랏일을 맡아보는 사람.
28. 해열제의 하나. '아세틸살리실산'의 상품명
31. 일본의 소설가. 주요 작품은 「만년」, 「사양」, 「인간실격」 등.
35. 패션의 나라. 유명 쿠튀르 하우스가 자리한다.
36. 정상적인 부부생활을 영위하면서 의도적으로 자녀를 두지 않는 맞벌이 부부.
38. 일본 북단의 섬. 도청 소재지는 삿포로.
39. 메이저리거로 활동하다 올해 은퇴한 일본의 야구 선수. 독보적인 일본계 타자.

세로열쇠

2. 프로이센의 철혈재상.

4. 그리스 신화 속 태양 가까이 날다가 날개가 녹아 떨어져 죽은 소년.
6. 작고 동그란 머랭 크러스트에 잼, 가나슈, 버터크림 등을 채워 만든 프랑스 과자.
8. 고대 그리스의 도시국가.
10. 공연히 조그만 흠을 들추어내어 불평을 하거나 말썽을 부림.
14. 줄리아 로버츠, 휴 그랜트 주연의 책방 주인과 여배우의 사랑을 담은 영화.
15. 궁한 나머지 생각다 못하여 짜낸 계책.
16. 북유럽 신화의 말썽꾸러기 신.
17. 역(逆)유토피아. 현대사회의 부정적인 측면들이 극대화되어 나타나는 어두운 미래상.
19. 맹인 검객 이치가 주인공인 영화. 2003년 기타노 다케시가 리메이크했다.
20. 문학이나 영화에서 냉정하고 비정하게 인물과 사건을 묘사하는 사실주의 수법.

21. 「메종 드 히미코」, 「도쿄 타워」, 「오버 더 펜스」 등에 출연한 일본의 친한파 배우.
24. 중세 러시아의 성새, 성벽. 현 러시아 대통령궁.
27. 발이 먼저 미끄러져 들어가면서 넘어지거나 주저앉으며 포구하는 플레이.
29. 세계적 건축가 제프리 바와의 나라. 불교 국가.
30. 일본의 전통 바닥재. 속에 짚을 두껍게 넣고 위에 돗자리를 씌워 꿰맨 것.
32. 와인을 보관하는 통.
33. 뱀의 발. 쓸데없는 것 또는 쓸데없는 군더더기.
34. 지불대금이나 이자의 일부를 지불인에게 되돌려주는 일 또는 그 돈.
37. 프랑스 남동 해안에 있는 국제적인 휴양 도시.

THE LAST WORD

매일 약 4천만 명의 통근자들이 도쿄 철도망에 용감히 맞선다. 굉장히 정교하지만 항상 만원인 고속 환승 시스템이다.
이번 호의 '도쿄 가이드'를 취재하며 몇 주간 이 도시를 휘젓고 다녔던 셀레나 호이가 '출근 지옥'에서 살아남는 법을 전수한다.

도쿄의 철도 체계는 여러 개의 팔을 마구 뻗은 야수 같다. 매일 그 광범위한 망을 따라 이 대도시의 한쪽 끝에서 다른 끝으로 수백만 명의 사람들을 수송한다. 모든 일이 순조롭게 진행되는 건 모두가 자신이 어디로 가고 있으며 어떻게 가야 하는지 알고 있기 때문이다. 출퇴근 시간에는 개인 공간이 제한되고 스트레스가 높아지므로 흐름을 방해하지 않고 인파에 녹아드는 걸 목표로 해야 한다.

움직임을 더 원활하게 하는 방법들도 있다. 타기 전에 승객의 하차를 기다리며 모두가 열차를 향해 바르게 줄을 선다. 이런 규칙을 어기면, 누가 질책하지는 않겠지만 사회질서를 어지럽힌 데 대해 불만의 시선을 받거나 팔꿈치 찌르기 공격을 당할 수 있다. 통조림 속 정어리처럼 포개져 자신의 장기가 재배치되고 낯선 이의 모공과 친밀해지는 걸 피하려는 사람은 아침저녁의 러시아워 (아침 7:30-9시, 저녁 5:30-7시)를 피하면 된다. 그리고 성추행이 걱정되는 여성들은 아침 러시아워에 기차 맨 뒤의 여성 전용칸을 이용하면 된다.

그닥 유혹적이지 않다고? 도쿄 중심부 대부분은 걷거나 자전거를 타고 다닐 수 있다. 이 도시의 가장 좋은 점은 끝없이 나오는 발견거리, 끊임없는 변화와 격변, 재생이다. 그러니 헤매는 법을 배우시라.

5

Korean Exclusives

우리들의 섀도잉

IN THE SHADOWS

우리들의 섀도잉

어쩌면 검은 까마귀란 외롭게 요절한 모든 시인을 상징하는 것일지도 모르겠다고 나는 생각했다.

Words by Yeonsu Kim & Photography by Sangmin Seo

1.

오래전, 도쿄 우에노 근처의 우구이스다니에 간 적이 있었다. 거기에 가보라고 내게 권한 사람은 올림픽공원 근처의 고등학교에서 수위로 일하던 김충식 씨였다. 올림픽공원은 1년에 한 번이나 갈까 말까 하는 곳인데 구하기 힘든 자료를 찾다보니 거기까지 가게 됐다.

출판사에서 영업부 직원으로 일하던 시절부터 틈틈이 희귀본들을 수집해온 그는 이상李箱의 유고집을 여러 권 가지고 있었다. 내 사연을 듣더니 그는 그중 한 권을 내게 내밀었다.

"이상에 대한 소설을 쓰신다니 드릴게요. 사실 이런 책은 우리에겐 아무런 가치가 없거든요."

책을 보니 표지가 찢겨나가고 없었다. 원래 표지를 궁금해하자 그가 서재에서 상태 좋은 책을 가져왔다. 책을 감싼 반투명 트레이싱페이퍼 아래로 검은 까마귀 그림이 보였다. 나는 조심스레 트레이싱페이퍼를 걷어냈다.

직접 보자 까마귀는 상처를 입고 바닥에 떨어져 허우적대는 것 같았다. 분명, 까마귀는 울고 있었다.

"이 표지를 보니 카프카가 생각납니다. 카프카는 체코어로 '검은 까마귀'라는 뜻이었다죠. 카프카도 이상과 비슷한 시기에 외롭게 죽었죠."

어쩌면 검은 까마귀란 외롭게 요절한 모든 시인을 상징하는 것일지도 모르겠다고 나는 생각했다.

하지만 김충식 씨는 고개를 갸웃거렸다.

"글쎄요, 이상이라면 꾀꼬리 쪽이 더 가깝지 않을까요?"

그가 말했다. 나는 신선한 발상이라고 생각했다.

"이상을 두고 꾀꼬리라고 말하시는 분은 처음 봤습니다."

내가 웃으면서 말했다. 그러자 김충식 씨가 말했다.

"혹시 도쿄에 갈 일이 있다면 우구이스다니 역에 꼭 가보세요. 거기서 닛포리 방향으로 가다보면 묘지가 나오는데, 도쿄대 부속병원에서 이상이 죽고 난 뒤 화장된 곳이 바로 거기라고 합니다."

그렇다면 도쿄에 한번 가보자고 생각했다.

2.

나영은 동시통역사였다. 우리를 연결시킨 건 '섀도잉 shadowing'이었다. 그건 귀에 들리는 그대로 따라 되뇌면서 외국어를 익히는 학습법 중의 하나였는데, 그녀는 동시통역을 잘하기 위해 말하는 사람의 말투뿐만 아니라 몸짓까지도 흉내내야 하는 자신의 일을 섀도잉이라고 일컬었다. 나는 섀도잉에 대해 더 알고 싶어져 그녀를 따로 만났다. 몇 번의 만남이 이어지는 동안, 우리는 조금씩 서로의 말을, 서로의 행동을, 서로의 표정을 따라하게 됐다. 그녀에게 사귀자고 말했을 때, 나는 섀도잉에 대해 다 알게 됐다고 생각했다.

3.

나영을 따라 나는 처음으로 도쿄에 갔다. 도쿄에서 맞은 첫 아침, 호텔 방에서 눈을 떠보니 창밖 하늘로는 푸른빛이 희미하게 감도는데도 실내는 아직 어둠침침했다. 나영은 없고, 대신 노랫소리가 나지막이 들려왔다. 둘러보니 침대 옆 나이트테이블 아래가 노란 불빛으로 환했다. 노랫소리는 그 불빛을 따라 흘러나오고 있었다. 나이트테이블에는 조명 스위치와 함께 방송국을 선국할 수 있는 검은 버튼들이 있었는데, NHK 클래식에 할당된 버튼이 눌러져 있었다. 나영이 켜놓고 나간 게 분명해 보였다. 일본어 가곡. 뜻을 알 순 없었지만, 소프라노의 목소리가 거슬리지 않아 나는 노란 불빛 쪽으로 머리를 떨구고 귀를 기울였다.

가곡이 모두 끝나고 난 뒤에야 나는 창밖에 비가 내리고 있다는 사실을 알았다. 당연했지만 그게 마지막 장맛비라는 걸 그때는 몰랐다.

그 호텔이 자랑하는 정원을 산책하고 나영이 방으로 돌아왔을 때는 가곡 프로그램마저 끝난 뒤였다.

"아까 좋은 노래가 나왔었는데……."

내가 말했다.

"라디오가 있었네? 어떤 노래였어?"

그녀가 궁금해했다. 그러자 갑자기 말이 나오지 않았다. 머뭇거리다가 기억나는 대로 나는 멜로디를 흥얼거렸다.

"그거, 고노미치この道지. 맞지?"

그녀는 확인차 노래를 불렀다. '고노미치와 이츠카 키타 미치'라면서 시작했다.

"난 몰라. 하지만 맞는 것 같아."

내가 말했다. 지금 돌이켜보면 그때가 우리에겐 눈물겹도록 좋은 시절이었다.

4.

'고노미치この道'라는 건 일본 시인 기타하라 하쿠슈의 시에 곡을 붙인 가곡이다. 그는 만년에 홋카이도와 구마모토 등지를 여행한 경험을 이 짧은 시에 담았다. 'この道はいつかきた道, ああ そうだよ이 길은 언젠가 온 길, 아아 그렇구나'라고 시작하는 시구를 들으면 나는 저절로 우구이스다니 역 앞의 풍경을 떠올리게 된다. 우리는 마루노우치선을 타고 가다가 도쿄역에서 야마노테선으로 갈아탄 뒤 우구이스다니 역까지 갔다. 그동안 나는 나영이 가르쳐준 가사를 흥얼거리며 노래를 배웠다. 내가 가사나 멜로디를 잊어버리면 그녀가 바로 가르쳐줬다. 나는 그녀의 노래를 따라했다. 그러는 동안 빗줄기는 점점 가늘어지고 있었다.

"우구이스다니의 우구이스는 '휘파람새'라는 뜻이야. 알고 있었어?"

좁은 인도를 따라 걸으며 나영이 말했다. 그런 줄은 몰랐다.

"저기 너머에 도쿠가와 이에미쓰가 세운 절인 간에이지가 있어. 도쿠가와 가문의 보리사인데, 주지가 도쿄의 휘파람새는 둔하다며 교토에서 휘파람새를 가져와 이 골짜기에 풀어놓은 뒤로 우구이스다니, 즉 휘파람새 골짜기鶯谷라는 이름을 가지게 됐다는데……"

핸드폰의 설명을 들여다보며 그녀가 말했다. 그러더니 그녀는 탄성을 내질렀다.

"우와, 교토에서 가져와 이 인근에 풀어놓은 휘파람새가 무려 3500마리였다네."

나는 투명한 우산을 들고 뒤따라 걸으며, 나영의 머리 너머로 보이는 나무들 위에 휘파람새들이 앉아 있는 광경을 상상했지만 잘 안 됐다. 3500마리가 너무 많아서 그런 건 아니었다.

"일본 사람들은 휘파람새 울음소리를 이렇게 표현해. 호케쿄. 호호케쿄."

나는 그 울음소리도 제대로 듣지 못했다. 그때 나는 딴생각을 하고 있었다. 닛포리 묘지를 찾아가되 우구이스다니 역에서 내려 걸어가라고 권하며 김충식 씨가 내게 한 말을 떠올리고 있었다.

"우구이스노 다니와다리鶯の谷渡라는 일본 속담이 있습니다. 꾀꼬리가 골짜기를 건너간다는 뜻으로 한 남성이 한방에 여러 여자를 뉘어놓고 성행위하는 것을 말하는 속된 표현입니다. 1940~50년대까지만 해도 이상은 그런 식의 기행을 일삼는 기인으로 알려져 있었습니다. 우구이스다니라는 지명도 거기서 유래한 것이 분명하죠."

하지만 그 우구이스는 우리가 아는 꾀꼬리가 아니라 휘파람새였다. 그리고 우구이스다니라는 지명도 그런 일에서 유래한 것이 아니었다. 그렇다면 이상은 우리가 아는 그 시인이 맞을까? 그때 문득 그런 생각이 들었다. 내가 생각에 잠긴 동안 좁은 인도를 먼저 걸어가며 나영은 호케쿄, 호호케쿄, 라며 휘파람새 흉내를 냈다.

5.

그다음 날은 무척이나 화창했다. 그날 아침, 일본 기상청은 장마가 끝났음을 공식적으로 선언했다. 가슴이 뛸 정도로 하늘은 푸르렀고, 뭉게구름은 하얬다. 우리는 오다이바에서 서퍼이자 일러스트레이터인 앤디 데이비스와 서핑웨어 브랜드인 빌라봉이 협업해서 만든 티셔츠와 '고노미치'가 수록된 사메시마 유미코鮫島有美子의 가곡집을 샀다.

하지만 이제는 함께 산 티셔츠도 입지 않고, 사메시마 유미코의 CD도 듣지 않는다. 그것뿐만 아니라 그때 호텔 방에서 나 혼자 들었던 노래가 '고노미치'가 맞는지조차 확신할 수 없게 됐다. 그녀와 헤어지고 난 뒤에야 나는 알게 됐다. 섀도잉이란 원래 그런 것이라는 걸.

MUUTO

Stockists

AESOP
aesop.com

AMBUSH
ambushdesign.com

APPARATUS
apparatusstudio.com

BUILDING BLOCK
building--block.com

BULY 1803
buly1803.com

CECILIE BAHNSEN
ceciliebahnsen.com

CELINE
celine.com

COMMON PROJECTS
commonprojects.com

D. R. HARRIS
drharris.co.uk

DIOR
dior.com

DIPTYQUE
diptyqueparis.com

DOMESTIQUE PARIS
domestiqueparis.com

DYSON
dyson.com

ERES
eresparis.com

EVERYDAY NEEDS
everyday-needs.com

HANDVAERK
handvaerk.com

HERMÈS
hermes.com

HOUSE OF FINN JUHL
finnjuhl.com

HYKE
hyke.jp

ISSEY MIYAKE
isseymiyake.com

IT'S YONOBI
itsyonobi.com

JENS
j-e-n-s.jp

JOHN LAWRENCE SULLIVAN
john-lawrence-sullivan.com

LAMBERT & FILS
lambertetfils.com

LAULHÈRE PARIS
laulhere-store.com

LAURENCE BOSSION
laurencebossion.com

LINDBERG
lindberg.com

LINUM
linumdesign.com

LOUIS VUITTON
louisvuitton.com

MAISON MARGIELA
maisonmargiela.com

MAISON MICHEL
michel-paris.com

MARC JACOBS
marcjacobs.com

MARSET
marset.com

MENU
menu.as

MISTER IT
misterit.jp

MORGAN LANE
morgan-lane.com

MR PORTER
mrporter.com

MUTINA
mutina.it

MUUTO
muuto.com

MYKITA
mykita.com

PAPIER LABO
papierlabo.com

PARACHUTE HOME
parachutehome.com

PETIT BATEAU
petit-bateau.com

RALPH LAUREN
ralphlauren.com

RETROSUPERFUTURE
retrosuperfuture.com

RIMOWA
rimowa.com

ROCHAS
rochas.com

SANDRO
sandro-paris.com

SPORTMAX
sportmax.com

STRING
string.se

STUDIO MUMBAI
studiomumbai.com

SUN BUDDIES
sunbuddieseyewear.com

SYURO
syuro.info

TAKEO
takeo.co.jp

TOAST
toa.st

TOTOKAELO ARCHIVE
totokaelo.com

YAECA HOME STORE
yaeca.com

YOHEI OHNO
yoheiohno.com

YOHJI YAMAMOTO
yohjiyamamoto.co.jp

YUKI HASHIMOTO
yuki-hashimoto.com

LINUM

ISSUE 32

Credits

COVER
Photographer
Romain Laprade
Stylist
Daisuke Hara
Hair & Makeup
Shimonagata Ryoki
Model
Hiromi Yamamura
Photography Assistant
Antoine Laffitte
Art Director & Producer
Kevin Pfaff
Production Assistant
Shoko Nakanishi

Hiromi wears a coat by
Hermès.

P. 64 – 79
Hair
Taan Doan
Makeup
Cyril Laine
Casting
Sarah Bunter
Model
Stephanie Omorojor at
Elite London
Model
Julien Pernot at Elite Paris
Styling Assistant
Candy Hagedorn

P. 64
Julien wears a shirt by
Ralph Lauren, shorts by
Hermès and uses Hermès
binoculars.

P. 124 - 135
Model
Hiromi Yamamura at
Fridayfarm
Model
Keisuke at CDU Models
Hair & Makeup
Shimonagata Ryoki
Photography Assistant
Antoine Laffitte
Art Director & Producer
Kevin Pfaff
Production Assistant
Shoko Nakanishi

P. 124
Hiromi wears a dress by
Hyke and a slip dress by
Mister It. *Keisuke* wears a
jacket by Yuki Hashimoto, a
shirt by Issey Miyake Men
and trousers by Jens.

P. 142 - 149
Retouching
Karin Eriksson

P. 154 - 171
Production Assistants
Shoko Nakanishi
Yurina Okamoto
Photography Assistant
Antoine Laffitte

Special Thanks:
Mako Ayabe
Kota Engaku
Nikolaj Hansson
Noriko Kobayashi at LOG
Kaori Miyazaki at Gi-Co-Ma
Yurina Okamoto
Kevin Pfaff
Susan Rogers Chikuba
Antoine & Joëlle Viaud
Nanako Yamaguchi